中等职业学校规划教材

U0296850

化学反应器与操作

周国保　梅鑫东　余　斌　主编

王小宝　主审

化学工业出版社

·北京·

本教材以典型化学反应器操作为项目，以化学反应器分步操作为任务，以分步操作中事项为单元，按项目—任务—单元来组织内容。全书包括认识化学反应器、操作釜式/槽式反应器、操作气固相固定床反应器、操作气固相流化床/移动床反应器、操作气液相反应器，以及熟悉（气相）管式裂解炉等六个教学项目。教材编写体现项目驱动、任务引领，考虑工学结合教学实施，突出反应器和装置系统操作与维护，做到理论联系实际，通俗易懂。

　　本书可作为中等职业学校化工类专业教材，也可供从事化工生产一线技术人员和工人培训参考。

图书在版编目（CIP）数据

　　化学反应器与操作/周国保，梅鑫东，余斌主编． —北京：
化学工业出版社，2014.9（2024.2重印）
　　中等职业学校规划教材
　　ISBN 978-7-122-21242-9

　　Ⅰ．①化…　Ⅱ．①周…②梅…③余…　Ⅲ．①反应器-中
等专业学校-教材　Ⅳ．①TQ052.5

　　中国版本图书馆 CIP 数据核字（2014）第 149744 号

责任编辑：旷英姿　　　　　　　　　　文字编辑：昝景岩
责任校对：吴　静　　　　　　　　　　装帧设计：王晓宇

出版发行：化学工业出版社（北京市东城区青年湖南街 13 号　邮政编码 100011）
印　　装：北京建宏印刷有限公司
787mm×1092mm　1/16　印张 11½　字数 274 千字　　2024 年 2 月北京第 1 版第 7 次印刷

购书咨询：010-64518888　　　　　　售后服务：010-64518899
网　　址：http://www.cip.com.cn

凡购买本书，如有缺损质量问题，本社销售中心负责调换。

前　言

FOREWORD

　　本教材是针对中等职业学校化学工艺专业，围绕"化学反应器与操作"学习领域，参考新制定的《全国中等职业学校化学工艺专业教学标准》和《工作任务与职业能力分析表》中关于化学反应岗位的职业能力要求而编写的。

　　本教材以典型化学反应器操作为项目，以化学反应器的分步操作为任务，以分步操作中事项为单元，按项目—任务—单元来组织内容。本教材内容包括认识化学反应器、操作釜式/槽式反应器、操作气固相固定床反应器、操作气固相流化床/移动床反应器、操作气液相反应器，以及熟悉（气相）管式裂解炉等六个教学项目。教材编写体现项目驱动、任务引领，考虑工学结合教学实施，突出反应器和装置系统操作与维护，做到理论联系实际，通俗易懂。

　　教材编写中，采用知识学习与技能训练相间编排，以方便工学结合模式下"工"、"学"实施；按任务目标、任务指导、任务评价、课外训练组织各"单元"的内容，方便教学实施中对教材进行二次开发，其中任务评价方便教学中师生互动；尽量做到图文并茂，以提高学生的学习兴趣；尽量做到科学性、实用性、可操作性，使教材贴近化学反应岗位的实际需要。

　　本书由周国保、梅鑫东、余斌主编，周国保负责统稿，王小宝主审。"项目一　认识化学反应器"和"项目六　熟悉（气相）管式裂解炉"由江西省化学工业学校的余斌编写；"项目二　操作釜式/槽式反应器"由江西省化学工业学校的周国保编写；"项目三　操作气固相固定床反应器"由江西省化学工业学校的梅鑫东编写；"项目四　操作气固相流化床/移动床反应器"由江西省化学工业学校的吴满芳编写；"项目五　操作气液相反应器"由江西省化学工业学校的周香兰编写。

　　在教材编写过程中，江西昌九生化股份有限公司熊剑、珠海联邦制药股份有限公司马喆坤、江西昌宁化工有限责任公司曾钦航等参与或指导，在此一并表示感谢。

　　本书在编写过程中，得到江西省化学工业学校领导和老师们的大力支持，在此深表谢意。

　　由于编者水平所限，书中难免存在疏漏和不足，敬请读者和同行批评指正。

编者

2014 年 3 月

目 录

CONTENTS

项目一
认识化学反应器

项目任务

知识目标

掌握化学反应的类型，化学反应速率与影响因素，化学平衡与影响因素。

能力目标

能观察实验室高锰酸钾制氧气反应装置与反应过程，识别装置中仪器名称；能熟悉提高化学反应速率和促进化学平衡向产物生成方向移动的方法；能辨析化学反应器的类型。

任务一　认识实验室反应装置与反应过程

 单元一　化学反应的类型

任务目标

- 了解化学反应的概念
- 掌握化学反应的类型

任务指导

一、化学反应的概念

化学反应是化学运动的基本形式。化学物质的分子破裂成原子、离子，然后原子、离子重新排列组合生成新物质的过程，称为化学反应。

在反应中常伴有放热、吸热、发光、变色、产生沉淀、生成气体等现象，例如，实验室用高锰酸钾制氧气，在这个化学反应中生成了氧气。

判断一个过程是否发生化学反应，其依据是该过程是否生成新的物质。

二、化学反应的类型

1. 按反应物与生成物的类型分类

按反应物与生成物的类型分四类：化合反应、分解反应、置换反应、复分解反应。

（1）化合反应　它是由两种或两种以上的物质生成一种新物质的反应。简记为：

$$A+B \Longrightarrow C$$

（2）分解反应　它是指一种化合物在特定条件下分解成两种或两种以上较简单的单质或化合物的反应。简记为：

$$A \Longrightarrow B+C$$

（3）置换反应（单取代反应）　它是指一种单质和一种化合物生成另一种单质和另一种化合物的反应。简记为：

$$A+BC \Longrightarrow B+AC$$

置换关系是指组成化合物的某种元素被组成单质的元素所替代。

（4）复分解反应（双取代反应）　它是由两种化合物互相交换成分，生成另外两种化合物的反应，即在水溶液中两个化合物交换元素或离子形成不同的化合物。简记为：

$$AB+CD \Longrightarrow AD+CB$$

复分解反应的本质是溶液中的离子结合成难电离的物质（如水）、难溶的物质或挥发性气体，而使复分解反应趋于完成。

2. 按反应物系相的类别和数目分类

（1）均相反应　均相反应是指反应物在均一相中进行的反应，可分为气均相反应和液均相反应两种。

（2）多相反应　多相反应又称非均相反应，是指反应物在两个及两个以上相中进行的化学反应，涉及反应物及生成物在相际的质量传递过程，可分为液-液相反应、气-液相反应、液-固相反应、气-固相反应、固相反应、气-液-固三相反应。

此外，还可以按化学反应某一方面的特征进行分类，如按化学反应的可逆性分类可以分为可逆反应和不可逆反应；按反应的温度条件分类可分为等温反应、绝热反应、非绝热变温反应；按化学反应的热效应分类可以把所有的反应分为放热反应和吸热反应两大类等。

任务评价

（1）填空题

① 在化学反应中，分子破裂成原子、离子，原子、离子重新排列组合生成新物质的过程，称为_____。

② 化学反应中常伴有发热、发光、变色，产生沉淀或生成_____等。

③ 化学反应按反应物与生成物的类型可分为化合反应、分解反应、_____及复分解反应等四大类。

④ 化学反应按反应物系相的类别和数目进行分类，可分为均相反应和_____反应。

（2）选择题

① 物质的变化千奇百怪，但概括起来就两大类，即物理变化和化学变化，下列说法正确的是_____。

A. 有化学键破坏的变化一定属于化学变化

B. 发生了颜色变化的一定是化学变化

C. 有气泡产生或沉淀析出的变化一定是化学变化

D. 燃烧一定是化学变化

② 实验室高锰酸钾制氧气的化学反应属于_____。

A. 化合反应　　　B. 分解反应　　　C. 置换反应　　　D. 复分解反应

（3）判断题

① 一个过程如果生成了新的物质，则可认为该过程发生了化学反应。（　　）

② 合成氨生产过程中的变换反应是均相反应。（　　）

③ 所有的复分解反应都是非均相反应。（　　）

课外训练

根据自己学过的化学基础知识，各列举一个化合反应、分解反应、置换反应、复分解反应、气相反应、液相反应、固相反应及多相反应的例子。

单元二　观察反应装置与反应过程

任务目标

- 能识别装置中仪器名称
- 能指出化学反应所用仪器
- 能指出各生成物所在位置

任务指导

在实训室，让学生观察实验室高锰酸钾制氧气的装置及反应过程。

实验室高锰酸钾制氧气的装置如图 1-1 所示。装置中所用的仪器有酒精灯、试管、铁架台、导管、集气瓶、水槽等。反应在试管中进行，原料是高锰酸钾，生成物是氧气、锰酸钾和二氧化锰，集气瓶中收集到的是氧气。

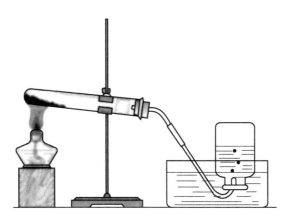

图 1-1　实验室高锰酸钾制氧气的装置

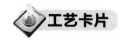
反应设备 工艺卡片	训练班级	训练场地	学时	指导教师
			1	
训练任务	观察反应装置与反应过程(实验室高锰酸钾制氧气装置)			
训练内容	识别装置中仪器名称,指出化学反应在哪个仪器中进行,指出原料是什么、生成物有哪些,指出各生成物所在位置			
设备与工具	酒精灯、试管、铁架台、导管、集气瓶、水槽等			

序号	工序	操作步骤	要点提示	数据记录或工艺参数
1	识别反应装置仪器名称	观察实验室高锰酸钾制氧气装置仪器	仪器名称	
2	观察反应装置	观察反应装置,指出在哪个仪器中进行反应,反应物有哪些	试管,高锰酸钾	
3	观察反应过程	观察反应过程生成物有哪些	集气瓶,冒气泡	

任务评价

检查工艺卡片上数据记录或工艺参数。

课外训练

课后到实训室,安装实验室高锰酸钾制氧气装置并进行氧气的制备,记录操作体会。

单元三 化学反应速率与影响因素

任务目标

- 了解化学反应速率的概念
- 了解化学反应速率的意义
- 掌握化学反应速率的影响因素,熟悉提高化学反应速率的方法

任务指导

一、化学反应速率的概念

化学反应速率是单位时间内反应物或生成物的浓度变化量,表示符号 γ。$\gamma(A)$ 是指以反应物 A 表示的化学反应速率。

由于浓度单位为 mol/L,因而化学反应速率单位常为 mol/(L·min) 或 mol/(L·s)。

随着反应的持续进行,反应物不断减少,生成物不断增多,各组分的瞬时组成不断地变化,因而化学反应速率一般指"化学反应瞬时速率"。对于一个化学反应过程,一般用化学反应平均速率来衡量其进行的快慢程度。

二、化学反应速率的意义

不同的化学反应进行的快慢不一样。有的反应进行得很快,瞬间就能完成,例如氢气和

氧气混合气体遇火爆炸、酸和碱的中和反应等；有的反应则进行得很慢，例如有些塑料的分解要经过几百年、石油的形成要经过亿万年等。这些都说明了不同的化学反应具有不同的反应速率。

改变化学反应速率在实践中有很重要的意义，例如，可以根据生产和生活的需要采取适当的措施，加快某些生产过程，如加速合成氨反应，加速合成树脂或生产橡胶的反应等；也可以根据需要减缓某些反应速率，如延缓塑料和橡胶的老化等。

三、化学反应速率的影响因素

影响化学反应速率的因素包括内因和外因。内因为主要因素，即反应物本身的性质；外因包括反应物浓度、反应温度、反应压强（或称反应压力）、催化剂、光、反应物颗粒大小、反应物之间的接触面积和反应物状态等。

（1）反应物浓度　许多实验证明，当其他条件不变时，增加反应物的浓度，就增加了单位体积的活化分子数目，从而增加了有效碰撞，增大了化学反应速率。

（2）反应温度　在浓度一定时，升高温度，反应物分子的能量增加，使一部分原来能量较低的分子变成活化分子，从而增加了反应物分子中活化分子的百分数，使有效碰撞次数增多，因而使化学反应速率增大。

根据测定，温度每升高 10℃，化学反应速率通常增大到原来的 2～4 倍。

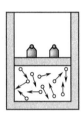

图 1-2　压强大小与一定量气体分子所占体积的示意图

（3）反应压强　对于气体来说，当温度一定时，一定量气体的体积与其所受的压强成反比。如果气体的压强增大到原来的 2 倍，气体的体积就缩小到原来的 1/2，单位体积内的分子数就增大到原来的 2 倍，如图 1-2 所示。所以，增大压强，就是增加单位体积反应物的物质的量，即增大反应物的浓度，因而可以增大化学反应速率。相反，减小压强，气体的体积就扩大，浓度减小，因而化学反应速率也减小。

如果参加反应的物质是固体、液体或溶液，由于改变压强对它们体积改变的影响很小，因而对它们浓度改变的影响也很小，可以认为改变压强对它们的反应速率无影响。

（4）催化剂　使用正催化剂能够降低反应所需的活化能量，使更多的反应物分子成为活化分子，大大提高了单位体积内反应物分子的百分数，从而成千上万倍地增大了反应速率。据统计，约有 85％化学反应需要使用催化剂，有很多反应还必须靠性能优良的催化剂才能进行。

化工生产中，为加快化学反应速率，优先考虑的措施是选用适宜的催化剂。

催化剂只能改变化学反应速率，却改变不了化学反应平衡。

负催化剂能减缓化学反应速率，如橡胶中加防老化剂就属于负催化剂，阻止橡胶老化。

（5）其他因素　增大一定量固体的表面积（如粉碎），可增大反应速率；光照一般也可增大某些反应的速率；此外，超声波、电磁波、溶剂等对反应速率也有影响。

任务评价

（1）填空题

① 化学反应速率常用单位是_____。

② 对于一个化学反应过程，一般用化学反应平均速率来衡量其进行的_____。

③ 影响化学反应速率的外界条件主要是反应物浓度、反应温度、反应压强和_____等。

（2）选择题

① 某一反应物的浓度是 1.0mol/L，经过 20s 后，它的浓度变成了 0.2mol/L，在这 20s 内它的平均反应速率为_____。

A. 0.04   B. 0.04mol/(L·s)   C. 0.8mol/(L·s)   D. 0.04mol/L

② 某化学反应 A 的化学反应速率为 1mol/(L·min)，而化学反应 B 的化学反应速率为 0.2mol/(L·min)，则化学反应 A 的反应速率比化学反应 B 的反应速率_____。

A. 快   B. 慢   C. 相等   D. 无法确定

③ 化工生产中，为加快反应速率优先考虑的措施是_____。

A. 选用适宜的催化剂   B. 提高设备强度，以便加压

C. 采用高温   D. 增大反应物浓度

（3）判断题

① 在某化学反应中，某一反应物 B 的初始浓度是 2.0mol/L。经过 2min 后，B 的浓度变成了 1.6mol/L，则在这 2min 内 B 的化学反应速率为 0.2mol/(L·min)。（　　）

② 当其他条件不变时，增加反应物的浓度可以增大化学反应速率。（　　）

③ 压强增加，可以增大任何化学反应的化学反应速率。（　　）

④ 温度降低，可以增大任何化学反应的化学反应速率。（　　）

⑤ 在实验室用分解氯酸钾的方法制取氧气时，使用二氧化锰作催化剂可以加快氧气生成的化学反应速率。（　　）

课外训练

（1）根据自己已学过的相关知识，分析可以采取哪些措施来提高化学反应的反应速率。

（2）课后通过查找资料，联系实际，想想在生活或生产实际中哪些地方需要增加化学反应速率，哪些地方需要减缓化学反应速率。

单元四 化学平衡与影响因素

任务目标

- 了解可逆反应与化学平衡的概念
- 掌握化学平衡的影响因素
- 掌握化学平衡的移动原理，熟悉促进化学平衡向生成产物方向移动的方法
- 了解转化率、平衡（最大）转化率、化学平衡常数的概念

任务指导

一、可逆反应与化学平衡的概念

1. 可逆反应

可逆反应是指在相同条件下既能向正反应方向进行又能向逆反应方向进行的反应，例如合成氨生产中的变换反应为可逆反应；一般向右进行的反应（生成产物方向）规定为正反

应，向左进行的反应（由产物转为反应物方向）规定为逆反应。如果反应只能朝一个方向进行，则为不可逆反应。

可逆反应特点：①在密闭体系中进行；②反应物与生成物共同存在于同一反应体系中。

任何化学反应都具有可逆性，但把反应物的转化率较大（大于95%）的反应作为不可逆反应。

2. 化学平衡

（1）化学平衡的建立　以 $CO(g)+H_2O(g) \rightleftharpoons CO_2(g)+H_2(g)$ 为例说明。

在一定条件（催化剂、温度）下，将 0.01mol CO 和 0.01mol $H_2O(g)$ 通入 1L 密闭容器中。反应刚开始时，反应物浓度最大，正反应速率最大，生成物浓度为 0，逆反应速率为 0；反应进行中，反应物浓度减小，正反应速率减小，生成物浓度增大，逆反应速率增大；当某一时刻，会出现正反应速率与逆反应速率相等，此时，反应物浓度不变，生成物浓度也不变。正反应速率与逆反应速率随时间的变化关系，如图1-3 所示。从图1-3 可知，反应刚开始时，正反应速率最大，随着反应的进行，正反应速率减小，而随生成物的增多，逆反应速率开始变大，经过一定的反应时间，正逆反应速率相当，反应达到平衡。

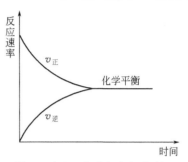

图 1-3　正、逆反应速率随时间
变化示意图

（2）化学平衡状态　化学平衡状态指可逆反应，在一定条件下，当正、逆反应速率相等时，并且反应混合物中各组分的浓度保持不变的状态。

（3）化学平衡的特点

① 平衡时，系统内各物质的浓度或分压不随时间而变化，即平衡组成不变；

② 化学平衡是一种动态平衡（$v_正 = v_逆 \neq 0$，v 表示反应速率）；

③ 化学平衡是在一定条件下建立的，一旦条件（反应温度、反应压力或反应物浓度）发生变化时，原平衡就会被破坏，即平衡发生移动；

④ 系统的平衡组成与达到平衡状态所经历的途径无关。

二、化学平衡的影响因素

影响化学平衡的因素主要有反应物浓度、反应温度、反应压强等。

1. 反应物浓度对化学平衡的影响

在其他条件不变时，增大反应物浓度或减小生成物的浓度，平衡向正反应方向移动；增加生成物的浓度或减小反应物的浓度，平衡向逆反应方向移动。

2. 反应温度对化学平衡的影响

在其他条件不变的情况下，反应温度升高，会使化学平衡向着吸热反应的方向移动；温度降低，会使化学平衡向着放热反应的方向移动。

3. 反应压强对化学平衡的影响

对于气体反应物和气体生成物分子数不等的可逆反应来说，当其他条件不变时，增大总压强，平衡向气体分子数减少即气体体积缩小的方向移动；减小总压强，平衡向气体分子数增加即气体体积增大的方向移动。若反应前后气体总分子数（总体积）不变，则改变压强不会造成平衡的移动。

三、化学平衡的移动原理（勒夏特列原理）

可逆反应中旧化学平衡的破坏、新化学平衡的建立过程叫做化学平衡的移动。

化学平衡的移动原理（勒夏特列原理）：如果改变影响平衡的一个条件（如：反应物浓度、反应温度、反应压强），平衡就向能够减弱这种改变的方向移动。

化学平衡移动的根本原因是由于改变了外界条件，破坏了原平衡体系，使得 $v_正 \neq v_逆$；当 $v_正 > v_逆$，平衡向正方向移动；当 $v_正 < v_逆$ 时，平衡向逆反应方向进行；当 $v_正 = v_逆$ 时平衡不移动。

四、转化率与平衡（最大）转化率

1. 转化率

转化率是指某反应物 A 参与化学反应转化掉的量占该反应物投入量的百分数，以符号"$\chi(A)$"表示，其定义式为：

$$\chi(A) = \frac{反应物 A 参与化学反应转化掉的量}{反应物 A 投入量} \times 100\%$$

转化率表示反应物转化的程度。某反应物的转化率越高，说明该反应物转化的数量越多。同一化学反应体系，反应物不止一个时，以不同反应物表示转化率，其数值可能不同。所以，必须指明何种反应物的转化率。

2. 平衡转化率

平衡转化率是指某一可逆化学反应达到化学平衡状态时，某反应物 A 参与化学反应转化掉的量占该反应物投入量的百分数。

平衡转化率$[\chi(A)^*] =$

$$\frac{反应物 A 的起始浓度（或投入量）-反应物 A 的平衡浓度（或平衡时剩余量）}{反应物 A 的起始浓度（或投入量）} \times 100\%$$

【例 1-1】 在 2L 密闭容器中，充入 1mol N_2 和 3mol H_2，一定条件下发生合成氨反应，2min 时达到平衡。测得平衡混合气中 NH_3 的体积分数为 25%，求：（1）用 H_2 表示的化学反应速率 $v(H_2)$；（2）N_2 的平衡转化率 $\chi^*(N_2)$；（3）H_2 在平衡时的体积分数 $\varphi(H_2)$；（4）平衡时容器的压强与起始时压强之比 p/p_0。

解 设 N_2 转化的量 $x(mol)$

$$
\begin{array}{cccc}
 & N_2 & + \quad 3H_2 & \Longleftrightarrow 2NH_3 \\
 & （氮气） & （氢气） & （氨气） \\
起始 & 1 & 3 & 0 \\
转化 & x & 3x & 2x \\
平衡 & 1-x & 3-3x & 2x \\
\end{array}
$$

平衡时，NH_3 的摩尔分数为 $[2x/(1-x+3-3x+2x)] \times 100\%$，而已知 NH_3 的体积分数为 25%，因此 $[2x/(1-x+3-3x+2x)] \times 100\% = 25\%$　　　　解得：$x = 0.4mol$

（1）用 H_2 表示的化学反应速率 $v(H_2)$

$$v(H_2) = 3 \times 0.4mol/(2L \times 2min) = 0.3mol/(L \cdot min)$$

（2）N_2 的平衡转化率 $\chi(N_2)^*$

$$\chi(N_2)^* = (x/1mol) \times 100\% = 40\%$$

（3）H_2 在平衡时的体积分数

$$\varphi(H_2) = [(3-3x)/(4-2x)] \times 100\% = 56.25\%$$

(4) 平衡时容器的压强与起始时压强之比 p/p_0

$p/p_0 =$ 平衡时反应体系中总物质的量/起始时反应体系中总物质的量 $= n/n_0$

$\qquad = (4-2x)/4 = 4:5$

3. 化学平衡常数的概念

化学平衡常数，是指在一定温度下，可逆反应无论从正反应开始，还是从逆反应开始，也不管反应物起始浓度大小，最后都达到平衡，这时各生成物浓度的化学计量数次幂的乘积除以各反应物浓度的化学计量数次幂的乘积所得的比值是个常数，用 K_c 表示，这个常数叫化学平衡常数。化学平衡常数一般有浓度平衡常数和压强平衡常数。

对于可逆化学反应 $mA + nB \rightleftharpoons pC + qD$ 在一定温度下达到化学平衡时，其平衡常数表达式为：

$$K_c = \frac{c^p(C) c^q(D)}{c^m(A) c^n(B)}$$

化学平衡常数不受反应物浓度与反应压强影响，只受温度影响。

根据例 1-1，N_2 和 H_2 一定条件下合成氨的反应，化学平衡常数 $K_c = [(2x)^2]/[(1-x)(3-3x)^3]$，用 $x=0.4$ 代入，$K_c = 0.183$。若充入 2mol N_2 和 3mol H_2，一定条件下发生合成氨反应，反应达到平衡后，由于化学平衡常数 K_c 仍然为 0.183，故有 $[(2x)^2]/[(2-x)(3-3x)^3] = 0.183$，经计算确定 $x=0.493$。

任务评价

(1) 填空题

① A、B、C 三种气体，取 A 和 B 按 1:2 的物质的量之比混合，在密闭容器中反应：$A + 2B \rightleftharpoons 2C$，平衡后测得混合气体中反应物总物质的量与生成物物质的量相等，A 的转化率是_____。

② 化学平衡的影响因素主要有_____、温度、压强等。

(2) 选择题

① 在甲、乙两密闭容器中，分别充入 HI、NO_2，发生反应：（甲）$2HI(g，无色) \rightleftharpoons H_2(g) + I_2(g，紫色)$，正反应为放热反应；（乙）$2NO_2(g，红棕色) \rightleftharpoons N_2O_4(g，无色)$，正反应为放热反应。采用下列措施能使两个容器中混合气体颜色加深，且平衡发生移动的是_____。

A. 增加反应物浓度　　　　　　B. 增大压强（缩小体积）

C. （甲）降温/（乙）升温　　　D. 加催化剂

② 下列能用勒夏特列原理解释的是_____。

A. $Fe(SCN)_3$ 溶液中加入固体 KSCN 后颜色变深

B. 棕红色 NO_2 加压后颜色先变深后变浅（NO_2 能转化为无色 N_2O_4）

C. SO_2 催化氧化成 SO_3 的反应，往往需要使用催化剂

D. H_2、I_2、HI 平衡混合气加压后颜色变深

(3) 判断题

① 化学平衡是一种动态平衡，所以 $v_{正} = v_{逆} = 0$。（　　　）

② 一个反应体系是否达到平衡的依据是正、逆反应速率相等。（　　）

③ 氢气在氧气中燃烧生成水，水在电解时生成氢气和氧气，是可逆反应。（　　）

④ 在其他条件不变时，增大反应物的浓度，平衡向正反应方向移动。（　　）

⑤ 若反应前后气体总体积不变，则改变压强不会造成平衡的移动。（　　）

⑥ 温度降低，可以增大任何化学反应的化学反应速率。（　　）

⑦ 提高一种反应物在原料气中的比例，可以提高另一种反应物的转化率。（　　）

课外训练

（1）$2SO_2(g)+O_2(g) \rightleftharpoons 2SO_3(g)$ 是硫酸制造工业的基本反应，在生产中通常采用通入过量空气的方法，为什么？

（2）课后通过查找资料，分析工业合成氨是如何利用化学平衡移动原理规律提高转化率的。

任务二　认识化工生产中的化学反应器

 单元一 化学反应器的类型

任务目标

- 掌握化学反应器的概念
- 了解化学反应器在化工生产中的应用
- 掌握化学反应器的类型

任务指导

一、化学反应器的概念

用于进行化学反应的设备称为化学反应器，简称反应器。化工生产中所用的反应器也称为工业反应器。

化学反应器是化工装置的重要设备之一，其设计是否科学、合理，其运行是否安全、可靠，直接关系到整套装置的安全性和经济效益。

化学反应器操作方式有三种。

间歇操作：一次性投料、卸料，反应物系参数（浓度或组成等）随时间变化；

连续操作：原料不断加入，产物不断引出，反应器内物系参数均不随时间变化；

半连续（或半间歇）操作：原料和产物只有一种为连续输入或输出，其余为分批加入或卸出的操作，反应物系参数（浓度或组成等）随时间变化。

二、化学反应器在化工生产中的应用

一个典型的化工生产过程如图1-4所示，大致有以下三个步骤。

（1）原料预处理，即按化学反应的要求将原料进行净化等操作，多数属于物理过程；

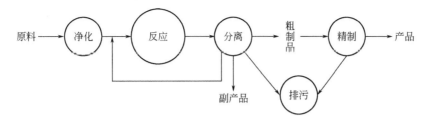

图 1-4　化工生产过程示意图

（2）化学反应，即将一种或几种反应原料转化为所需的产物，属于化学过程；

（3）产物分离，获得符合规格要求的化工产品，多数属于物理过程。

显然，化学反应是生产过程的核心。为完成化学反应过程，需要采用化学反应器。

化学反应器广泛应用于石油炼制，以及无机化工产品、有机化工产品及精细化工产品的生产。如氨合成塔、二氧化硫接触氧化器、烃类蒸汽转化炉等常采用固定床反应器；烃类裂解反应和乙烯液相氧化制乙醛反应常采用多管串联结构的管式反应器。

化学反应器可用于"三废"治理。例如，在工业废水、生活污水处理中，就可采用生物反应器等。化学反应器也用于冶金、轻工等工业部门。例如，冶金工业中的高炉和转炉，生物工程中的发酵罐以及各种燃烧器，都属于不同形式的反应器。

三、化学反应器类型

化学反应器按其结构形式来分，可分为釜式反应器、固定床反应器、流化床反应器、塔式反应器和管式反应器，这五种反应器的结构示意图如图 1-5 所示，这几种反应器的特点和应用范围如表 1-1 所示。

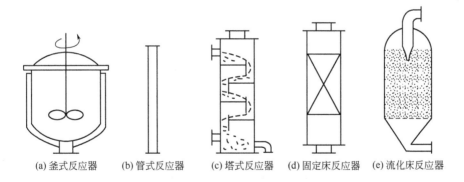

(a) 釜式反应器　(b) 管式反应器　(c) 塔式反应器　(d) 固定床反应器　(e) 流化床反应器

图 1-5　反应器结构示意图

按物料相态来分，可分为均相反应器和非均相反应器，均相反应器又可分为气相均相反应器和液相均相反应器两种，其特点是没有相界面，反应速率只与温度、浓度（压力）有关；非均相反应器又可分为气-固、气-液、液-液、液-固、气-液-固等反应器，在非均相反应器中存在相界面，总反应速率不但与化学反应本身的速率有关，而且与物质的传递速率有关，因而受相界面积的大小和传质系数大小的影响。

按操作方式来分，可分为间歇操作反应器、连续操作反应器和半连续（半间歇）反应器。

表1-1　反应器的特点和应用范围

种类	特点	应用范围
釜式反应器	高度与直径比约为2~3，内设搅拌装置和挡板	用于液相单相反应过程和液-液相、气-液相、气-液-固相等多相反应过程
固定床反应器	底层内部装有不动的固体颗粒，固体颗粒可以是催化剂或是反应物	用于气-固相、液-固相多相反应系统
流化床反应器	反应过程中，反应器内部有固体颗粒的悬浮和循环运动，提高反应器内液体的混合性能	气-固相、液-固相多相反应体系，可以提高传热速率
塔式反应器	高度远大于直径，内部设有填料、塔板等以提高相互接触面积	用于气-液相、液-液相多相反应过程
管式反应器	长度远大于管径，内部没有任何构件	多用于气相和液相均相反应过程

另外，还有一些分类方法，如按反应器内温度分布分类，可分为等温反应器和非等温反应器；按反应器和外部之间换热来分，可分为绝热式反应器和外部换热式反应器，外部换热式有直接换热式和间接换热式两种。

任务评价

（1）填空题

① 用于进行_____的设备，称为化学反应器。

② 化学反应器的操作方式有三种，即_____、连续和半连续操作。

③ 一个典型的化工生产过程由原料预处理、_____和产物分离三个过程组成。

④ 反应器按其结构形式来分，可分为_____反应器、固定床反应器、流化床反应器、塔式反应器和管式反应器。

⑤ 化学反应器按物料相态来分，可分为_____反应器和非均相反应器。

⑥ 均相反应器可分为气相均相反应器和_____反应器。

（2）思考题

① 化学反应器在精细化学品生产中有哪些应用？

② 一氧化碳变换炉属于什么类型的反应器？

③ 列举一个用釜式反应器、固定床反应器、流化床反应器、塔式反应器和管式反应器生产工业产品的例子。

课外训练

利用互联网搜索引擎，搜索"反应器类型"图片，选出你认为最好的釜式反应器、固定床反应器、流化床反应器、塔式反应器和管式反应器图片进行下载。

 单元二　辨析化学反应器的类型

任务目标

• 能辨析釜式反应器，指出用于哪些类型的反应
• 能辨析固定床反应器，指出用于哪些类型的反应
• 能辨析流化床反应器，指出用于哪些类型的反应

- 能辨析塔式反应器，指出用于哪些类型的反应
- 能辨析管式反应器，指出用于哪些类型的反应

任务指导

在化工实训室，观察釜式反应器、固定床反应器、流化床反应器、塔式反应器和管式反应器装置。

 工艺卡片

反应设备工艺卡片	训练班级	训练场地	学时	指导教师
			1	
训练任务	辨析化学反应器			
训练内容	辨析釜式反应器,指出用于哪些类型的反应;辨析固定床反应器,指出用于哪些类型的反应;辨析流化床反应器,指出用于哪些类型的反应;辨析塔式反应器,指出用于哪些类型的反应;辨析管式反应器,指出用于哪些类型的反应			
设备与工具	釜式反应器模型,固定床反应器模型,流化床反应器模型,塔式反应器模型,管式反应器模型			

序号	工序	操作步骤	要点提示	数据记录或工艺参数
1	辨析釜式反应器	观察釜式反应器的结构、物料走向、特点	结构、物料走向、用途、用于哪些类型的反应	
2	辨析固定床反应器	观察固定床反应器的结构、物料走向、特点	结构、物料走向、用途、用于哪些类型的反应	
3	辨析流化床反应器	观察流化床反应器的结构、物料走向、特点	结构、物料走向、用途、用于哪些类型的反应	
4	辨析塔式反应器	观察塔式反应器的结构、物料走向、特点	结构、物料走向、用途、用于哪些类型的反应	
5	辨析管式反应器	观察管式反应器的结构、物料走向、特点	结构、物料走向、用途、用于哪些类型的反应	

任务评价

检查工艺卡片上数据记录或工艺参数。

课外训练

在化工实训室，仔细观察釜式反应器、固定床反应器、流化床反应器、塔式反应器和管式反应器实物，看看这五种反应器在外形、结构上有什么特征。

 项目小结

1. 在化学反应中，分子破裂成原子、离子，原子、离子重新排列组合生成新物质的过程，称为化学反应。在反应中常伴有发光、发热、变色、沉淀、生成气体等现象。

2. 化学反应从不同角度有多种分类方法。按反应物与生成物的类型，分四类，即化合反应、分解反应、置换反应、复分解反应。按反应物系相的类别和数目进行分类，可分为均相反应和多相反应（非均相反应）。

3. 实验室高锰酸钾制氧气装置所用的仪器有酒精灯、试管、铁架台、导管、集气瓶、水槽等。反应在试管中进行，原料是高锰酸钾，生成物是氧气、锰酸钾和二氧化锰，集气瓶中收集到的是氧气。

4. 化学反应速率通常用单位时间内反应物浓度的减少或生成物浓度的增加来表示，化学反应速率的单位常用 $mol/(L \cdot min)$ 或 $mol/(L \cdot s)$ 表示。

5. 化学反应速率（平均反应速率）是用来衡量化学反应进行的快慢程度的。

6. 影响化学反应速率的主要因素：反应物本身的性质，温度，浓度，压强，催化剂等。

7. 可逆反应是指在相同条件下既能向正反应方向进行又能向逆反应方向进行的反应。

8. 化学平衡状态指在一定条件下的可逆反应中，正、逆反应速率相等，反应混合物中各组分的浓度保持不变的状态。

9. 化学平衡时系统内各物质的浓度或分压不随时间而变化，即平衡组成不变；化学平衡是一种动态平衡（$v_正 = v_逆 \neq 0$）；化学平衡是在一定条件下建立的，一旦条件——温度、压力或浓度发生变化时，原平衡就会被破坏，而平衡发生移动；系统的平衡组成与达到平衡状态所经历的途径无关。

10. 影响化学平衡的主要因素：温度，浓度，压强等。

11. 平衡转化率：某一可逆化学反应达到化学平衡状态时，转化为目的产物的某种原料量占该种原料起始量的百分数。

12. 化学平衡的移动原理（勒夏特列原理）：如果改变影响平衡的一个条件（如：浓度、温度、压强），平衡就向能够减弱这种改变的方向移动。

13. 用于进行化学反应的设备称为化学反应器，简称反应器。化学反应器有间歇、连续和半连续（半间歇）等三种操作方式。

14. 化学反应器广泛应用于化工、炼油、冶金、轻工等工业部门。

15. 化学反应器按其结构形式，可分为釜式反应器、固定床反应器、流化床反应器、塔式反应器和管式反应器；按物料相态，可分为均相反应器和非均相反应器；按操作方式，可分为间歇操作反应器、连续操作反应器和半连续（半间歇）反应器。

项目二

操作釜式/槽式反应器

项目任务

知识目标

掌握釜式反应器的基本结构、加热和冷却装置、搅拌装置和传动装置、氮气保护和原料配料方法、真空系统使用方法、间歇反应后的真空蒸馏方法，了解特殊反应釜的作用与结构。

能力目标

能辨析反应釜外形、部件，能熟悉反应釜的氮气保护、泵加料和原料配料、真空加料/排料、加热/冷却、蒸馏/真空蒸馏、搅拌等单步操作，能进行釜式反应器装置的操作和间歇反应釜的仿真操作。

任务一 认识釜式反应器

  单元一 釜式反应器的基本结构

任务目标

- 了解釜式反应器概述、适用场合
- 掌握釜式反应器的基本结构

任务指导

一、釜式反应器概述

一种高径比较小（$H/D < 3$）的圆筒形反应器，称为釜式反应器。

釜式反应器，又称反应釜。习惯上，又把高径比较小、直径较大（$D > 2m$）、非标准型的圆筒形反应器称为槽式反应器。

釜式反应器内常设有搅拌装置（机械搅拌、气流搅拌等）。在高径比较大时，可用多层

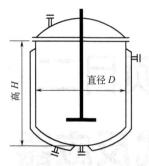

图 2-1 釜式反应器示意图

搅拌桨叶。反应过程往往涉及物料传热，因而釜式反应器常带传热装置，如釜壁外设置夹套，或在釜内设置换热面，或通过外循环进行换热。釜式反应器示意图，如图 2-1 所示。

二、釜式反应器适用场合

1. 釜式反应器适用场合

釜式反应器可用于液相均相反应过程，以及液-液、气-液、液-固、气-液-固等多相反应过程。

2. 釜式反应器操作方式

按操作方式，釜式反应器分为间歇釜式反应器和连续釜式反应器。

（1）间歇釜式反应器

① 间歇釜式反应器概述　间歇釜式反应器或称间歇釜，作用原理如图 2-2 所示，用于间歇操作方式或半连续操作方式的场合。

② 间歇操作方式　该方式指将所有原料一次加入反应釜，达到规定的转化率后，将未反应的原料与生成的产物一次性卸料的操作方式。卸料可以从反应釜底部出料，也可以借助压力通过压料管向上出料。

③ 半连续操作方式　该方式指将其中一种原料一次性加入，另一种原料以一定流量连续加入，最后一次性出料的操作方式。该操作方式与间歇式一样，都属于非定态过程。

④ 间歇釜式反应器优缺点

优点：操作灵活，适用于小批量、多品种、反应时间较长的产品的生产。

缺点：需有装料和卸料等辅助操作过程，产品质量不易稳定。

间歇釜式反应器尤其适合如发酵、聚合等难以实现连续生产的场合。

图 2-2　间歇釜式反应器示意图

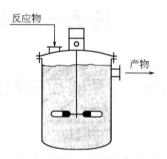

图 2-3　连续釜式反应器示意图

（2）连续釜式反应器（CSTR）

① 连续釜式反应器概述　连续釜式反应器或称连续釜，作用原理如图 2-3 所示，用于连续操作方式的场合。

② 连续操作方式　该方式指所有原料连续流入反应釜中，反应较快进行，反应产物及未反应原料连续流出反应釜的一种操作方式。

连续釜操作中需要搅拌。搅拌可造成返混现象。在要求转化率高或有串联副反应的场合，返混现象是不利因素。为减小返混的不利影响，可采用多釜串联，并分釜控制反应条件。

在搅拌剧烈、液体黏度较低或平均停留时间较长的场合，釜内物料流型可视作全混流，此时反应釜被称为全混釜。

③ 连续釜式反应器的优缺点

优点：节省加料和卸料时间，生产连续，产品质量易稳定。

缺点：搅拌作用会造成釜内流体的返混，可能降低化学反应的转化率。

为了提高产量，稳定产品质量，在有条件的情况下可以优先考虑采用连续釜。

三、釜式反应器基本结构

标准型釜式反应器的结构，如图 2-4 所示。它由钢板卷焊制成圆筒体，再焊接上由钢板压制的标准釜底，并配上釜盖、夹套、接管、压料管、支座、搅拌装置等部件。若圆筒体的材质为碳钢，为了防腐需要，对圆筒体内部进行搪瓷，这种反应釜被称为搪瓷反应釜。若圆筒体的材质为不锈钢，这种反应釜称为不锈钢反应釜。

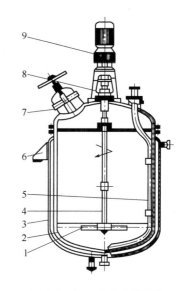

图 2-4　标准型釜式反应器

1—搅拌器；2—釜体；3—夹套；4—搅拌轴；

5—压料管；6—支座；7—人孔（或手孔）；

8—轴封；9—传动装置

任务评价

（1）填空题

① 釜式反应器属于一种_____型反应器。

② 釜式反应器高径比较小（$H/D<$_____）。

③ 釜式反应器内常设有_____装置，以加强反应物的混合。

④ 釜式反应器传热，可在反应器壁处设置_____，或在器内设置换热面，也可通过外循环进行换热。

⑤ 间歇釜式反应器可用于_____操作方式或半连续操作方式的场合。

（2）选择题

① 釜式反应器不能用于_____反应过程。

A. 液相单相　　　　B. 液-液相　　　　　C. 气-液相　　　　　D. 气-固相

② 反应釜半连续操作方式是指_____。

A. 原料一次性加入，产物一次性卸料　B. 原料连续加入，同时产物连续出料

C. 其中一种原料一次性加入，另一种原料连续加入，产物一次性卸料

D. 其中一种原料一次性加入，另一种原料连续加入，同时产物连续出料

（3）判断题

① 连续釜式反应器生产中可节省加料和卸料时间，产品质量易稳定。（　　）

② 连续釜式反应器中搅拌引起的返混不会降低化学反应的转化率。（　　）

（4）技能训练题

结合图 2-4，指出图中釜体、搅拌器，夹套的具体位置。

在常用的互联网搜索引擎中，搜索"釜式反应器"图片，选出认为最好的三张进行下载。

 单元二 辨析釜式反应器的外形和构成

任务目标

- 能画出釜式反应器的外形草图
- 能辨析釜式反应器中部件名称
- 能指出釜式反应器中各部件的作用

任务指导

在配置釜式反应器装置的化工实训室，观察釜式反应器装置。

任务评价

（1）思考题

① 釜式反应器上夹套起什么作用？

② 釜式反应器装置中减速机（传动装置）起什么作用？

（2）技能训练题

① 根据化工实训室的釜式反应器装置，画出釜式反应器的外形草图。

② 针对化工实训室中釜式反应器，指出釜式反应器中的部件及名称。

课外训练

在化工实训室，观察釜式反应器实物，测量其直径与高，估算其大致体积。

 单元三 釜式反应器部件

任务目标

- 掌握釜体、外形、作用
- 掌握釜盖及法兰连接
- 了解人孔、视镜、安全阀
- 了解连管、加料管、压料管、温度计套管
- 掌握夹套及支座

任务指导

一、釜体、外形、作用

釜体包括三个部件，一是圆筒体，二是上封头（也称釜盖），三是下封头。

圆筒体和上封头（釜盖）为法兰连接，方便装卸。圆筒体和下封头为焊接。

釜体的外形为立式圆柱形；材质分不锈钢和碳钢，若材质为碳钢，则一般搪瓷。

釜体的作用是能提供足够的体积盛装反应的原料及产物，同时有足够强度和耐腐蚀能力。釜体属于釜式反应器的主体构件。

二、釜盖及法兰连接

1. 釜盖

在加压操作时，釜盖多为半球形或椭圆形；而在常压操作时，釜盖可为平盖。

2. 法兰连接

釜盖与圆筒体通过法兰连接。成对的法兰一个焊在釜盖上，另一个焊在圆筒体的上端。

法兰焊接方式，有平焊和对焊两种，如图 2-5 所示。平焊法兰不可用于有毒易燃或真空度要求高的场合。

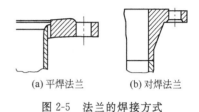

(a) 平焊法兰　　(b) 对焊法兰

图 2-5　法兰的焊接方式

安装时，成对的两个法兰之间安放填料，然后固定。不锈钢釜用螺栓固定，如图 2-6 所示；搪瓷釜用卡子固定，如图 2-7 所示。

图 2-6　不锈钢釜的釜盖
用螺栓固定

图 2-7　搪瓷釜的釜盖
用卡子固定

三、人孔、视镜、安全阀

1. 人孔

人孔被用来加入固态物料和清理检修釜体内部。人孔有圆形（φ400mm）和椭圆形（300mm×400mm）两种。结构型式有三种，如图 2-8 所示。

2. 视镜

釜盖上安装视镜可以观察反应釜中物料状态。图 2-7 所示位于中间部位的连管上部件，为视镜轮廓。

3. 安全阀

有的反应釜可能需要带压操作，反应釜此时属于压力容器，在釜盖上应装安全阀。

四、连管、加料管、压料管、温度计套管

1. 连管

绝大多数反应釜都要和各种管道相连接，为此，在釜盖上需要设置连管。各种物料管道

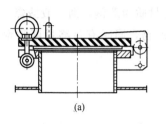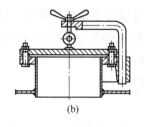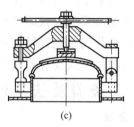

图 2-8　人孔型式

通常釜盖上的连管与反应釜相连接。连管通常焊接在釜盖上，如图 2-9 所示。一个釜盖上的连管通常具有相同的直径。

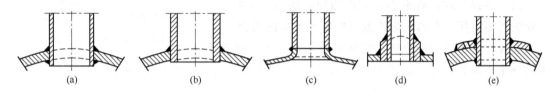

图 2-9　反应釜的连管

2. 加料管

反应釜加料一般不用连管，而用加料管，因为用连管直接加料会使液体散在釜盖的内表面上，并流入釜体法兰之间的垫圈中，引起腐蚀和渗漏。加料管是一根插在连管内、借法兰和螺栓与连管连接的短管。加料管的下端应截成与水平成 45°角，目的是使液体在加料时不致四面溅开，也不致落在釜壁上。加料管安装方式，如图 2-10 所示。

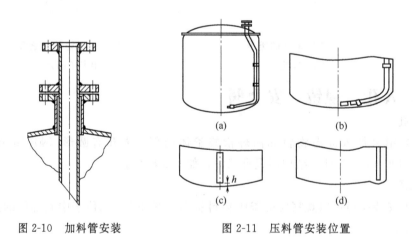

图 2-10　加料管安装　　　　　图 2-11　压料管安装位置

3. 压料管

压料管是利用压缩空气或其他气体从反应釜中将全部液态物料压出所用的管子。在需要将反应釜内的物料输送到位置更高或并列的另一设备中去，应考虑安装压料管。

压料管安装一般贴着釜壁，并用焊在釜体内壁的卡夹夹紧。安装位置，如图 2-11 所示。

4. 釜底放料口

对于较黏稠的物料，或含有固体的悬浮液，常常采用釜底放料。釜底放料口安装有釜底阀。常用的阀门有考克、上展阀和下展阀。上展阀和下展阀的结构，如图 2-12、图 2-13 所示。

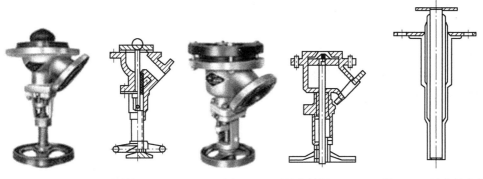

图 2-12　上展出料阀　　　图 2-13　下展出料阀　　　图 2-14　温度计套管

5. 温度计套管

温度计套管用于放置长的温度计，热电偶和热电阻。它是用铸铁或钢做成的一端封闭的管子，其中注入一些机油或高沸点液体，然后插入热电偶等，再通过连管插到反应釜中去，并用螺栓使它与连管固定。温度计套管，如图 2-14 所示。

五、夹套及支座

1. 夹套

夹套是焊在釜体外的呈圆筒状的一层金属外壳。图 2-6 中釜体外突出的大圆筒，即夹套。夹套能在釜体外形成封闭空间，使釜体产生传热面积，并传输冷却介质或加热介质。

2. 支座

支座是焊在夹套上起支撑作用的金属构件，如图 2-4 所示。反应釜支座用于反应釜的安装，属于悬挂式，采用对称安装，用钢架或楼板支承。

任务评价

（1）填空题

① 釜体包括三个部件，一是＿＿＿＿＿，二是上封头，三是下封头。

② 圆筒体和釜盖，为＿＿＿＿＿连接，方便装卸。圆筒体和下封头，为焊接。

③ 釜体若材质为碳钢，则一般通过＿＿＿＿＿来防腐。

（2）选择题

搪瓷釜的圆筒体与釜盖采用法兰连接，并用＿＿＿＿＿固定。

A. 螺栓　　　　B. 卡子　　　　C. 铁丝　　　　D. 黏胶

（3）判断题

反应釜中圆筒体上的法兰与釜盖上的法兰，不需要成对。（　　　）

课外训练

观察上展出料阀和下展出料阀实物，体会两者在放料时有什么优缺点。

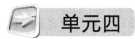 单元四 辨析釜式反应器部件的特征

任务目标

- 能辨析釜体的形状、材料
- 能辨析釜体与法兰的连接方式
- 能指出人孔、视镜及安全阀的位置及作用
- 能区分连管、进料管、压料管
- 能指出夹套材料、作用、与釜体的连接方式及其上接管的作用
- 能指出支座安装方式、作用

任务指导

在配置釜式反应器装置的化工实训室，仔细观察釜式反应器装置及其部件。

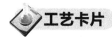 工艺卡片

反应设备 工艺卡片	训练班级	训练场地	学时	指导教师
			1	

训练任务	辨析釜式反应器部件的特征
训练内容	辨析釜体，法兰，人孔、视镜及安全阀，连管、进料管、压料管，夹套，支座的特征
设备与工具	标准型釜式反应器，扳手，螺丝刀，卷尺

序号	工序	操作步骤	要点提示	数据记录或工艺参数
1	辨析釜体的特征	观察釜体的形状、材料	外形，材质	
2	辨析釜体法兰的特征	观察釜体与法兰的连接方式，观察法兰连接的固定方式	法兰的连接方式，法兰的固定	
3	辨析人孔、视镜及安全阀的特征	观察人孔、视镜及安全阀	位置及作用	
4	辨析连管、进料管、压料管的特征	观察连管、进料管、压料管	区分管口	
5	辨析夹套的特征	观察夹套材料、作用、与釜体的连接方式	夹套材料、作用、连接方式、接管	
6	辨析支座的特征	观察支座安装方式	安装方式、作用	

任务评价

检查工艺卡片上数据记录或工艺参数。

课外训练

观察搪瓷釜的釜体法兰以及管法兰，领会为什么法兰与法兰之间采用卡子固定。

拓展单元　特殊的釜式反应器

- 了解硝化釜、还原釜、磺化釜的作用与结构
- 掌握高压釜的作用与结构

任务指导

一、硝化釜的作用与结构

（1）硝化反应器的作用与要求　硝化反应器用于硝化反应。硝化反应为强放热反应、且放热集中，为防止局部过热、保持一定的硝化温度，要求硝化反应器具有强烈搅拌作用、较大冷却面积和好的防腐性能（硝化剂常用混酸，即硝酸与浓硫酸的混合物）。材质有搪瓷碳钢、铸铁或不锈钢等。

产量小的硝化过程采用间歇操作，选用间歇硝化釜。产量大的硝化过程采用连续操作，选用连续硝化釜或采用环形连续硝化反应器，并可实行多台串联完成硝化反应。

（2）硝化釜式反应器的结构　间歇硝化釜的结构，如图 2-15 所示；连续硝化釜的结构，如图 2-16 所示。

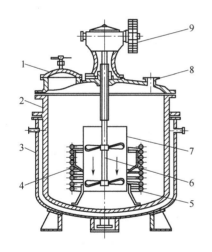

图 2-15　间歇硝化釜的结构

1—人孔；2—釜体；3—夹套；4—蛇管；
5—搅拌器；6—搅拌抽；7—导流筒；
8—连管；9—传动装置

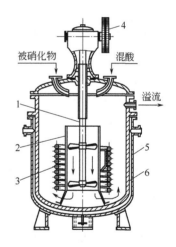

图 2-16　连续硝化釜的结构

1—搅拌器；2—导流筒；
3—蛇管；4—传动装置；
5—夹套；6—釜体

反应釜的冷却装置除夹套外，还在釜内安装冷却蛇管。蛇管内的冷却水处于负压，这样当蛇管被腐蚀时，冷却水不致进入反应液中而发生事故。

搅拌器一般采用推进式，适用液-液非均相硝化反应。但在酸的生产中，搅拌器采用锚式，1,3,6-萘三磺酸溶于混酸，反应体系为均相，但黏度较大。为防腐，搅拌器用不锈钢制成；为了加强搅拌效率，可在搅拌器与蛇管之间加导流筒。

二、还原釜的作用与结构

（1）还原釜的作用与要求 还原釜一般用于铁屑还原法将硝基化合物还原，生产胺类有机物的间隙操作。釜中反应混合物含密度很大的铁屑，要求还原釜配置一个强有力的耙式搅拌器进行搅拌，并且耐盐酸腐蚀。

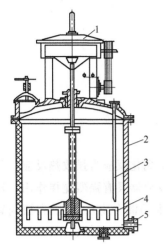

（2）还原釜的结构 还原釜的结构，如图2-17所示。它是一个钢制平底球形盖，内部衬有耐酸材料的反应釜，体积一般为4～16m³。搅拌器采用耙式搅拌器，搅拌轴的底端支持在装在釜底的止推轴承上。顶盖上除有加料孔、人孔等以外，还有与回流冷凝器相连的连管，在釜的圆筒体下部有出料口，以便放出物料。

图 2-17 还原釜的结构

1—传动装置；2—釜体；3—连管；
4—耙式搅拌器；5—出料口

三、磺化釜的作用与结构

1. 液-液相磺化釜

（1）液-液相磺化釜的作用与要求 液-液相磺化釜用于高沸点有机物的磺化，如 β-萘磺酸的生产。萘磺化生产 β-萘磺酸，是用96%～98%的浓硫酸在160～165℃的高温下将熔萘进行磺化，反应物料相当黏稠，反应初期须用1.0～1.2MPa的水蒸气加热。萘的磺化反应为放热，反应后热量需要通过冷却介质（如热水）带走。在反应过程中生成的水，会将硫酸稀释，因此腐蚀问题也比较严重。液-液相磺化釜要求有良好的搅拌、高温传热和耐腐蚀性能。

（2）液-液相磺化釜的结构 液-液相磺化釜的结构，如图2-18所示。这是一个带有钢质夹套（法兰连接）的典型铸铁釜。在夹套内装有蛇管，蛇管内可通1.0～1.2MPa的蒸汽，夹套内灌铅-锑合金，蛇管即浸在其中。锅内装有锚式搅拌器，锅盖上有人孔、加料管等，锅体最好用含少量铬和镍的合金铸铁制成，搅拌器要根据腐蚀情况每年更换；萘的低温磺化制备 α-萘磺酸时，由于反应物料很黏稠，为使反应热及时传出，需要采用涡轮式搅拌器。

2. 气-液相磺化釜

（1）气-液相磺化釜的作用与要求 气-液相磺化釜用于低沸点有机物的磺化，如苯磺酸的生产。在气-液相磺化釜中，过热的苯蒸气（160～170℃）通过浓硫酸，一部分苯被磺化成苯磺酸留在液相中，而未反应的苯蒸气被反应生成的水所饱和，自釜中蒸馏而出（馏出物的出料管安装在连管内）。

（2）气-液相磺化釜的结构 气-液相磺化釜的结构，如图2-19所示。这是一个具有一般结构的铸铁釜，装有水蒸气夹套，由于苯蒸气以气泡的形式吹过硫酸液体，已经能使反应液得到足够的搅拌，所以不必再安装搅拌器，只要有合适的鼓泡器就足够了。在图中用的是多孔管式的鼓泡器。它是最易遭受腐蚀的部件，需经常更换。

该反应釜的高度与直径之比要比一般标准反应釜大一些（约为2∶1），这样可使苯蒸气通过更高的液位，反应能进行得更顺利，同时也可以使苯蒸气被水蒸气所饱和的程度更大些，可以带走更多的水分。

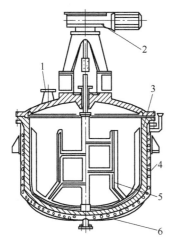

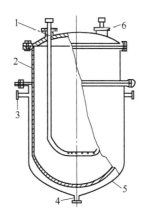

图 2-18　液-液相磺化釜的结构

1—连管；2—传动装置；3—釜体；

4—夹套；5—搅拌器；6—蛇管

图 2-19　气-液相磺化釜的结构

1—气相进管接多孔鼓泡器；2—釜体；3—水

蒸气接管；4—接管；5—夹套；6—连管

四、高压釜的作用与结构

（1）高压釜的作用与要求　高压釜主要用于气-液相的高压加氢和羰基化（高压加一氧化碳）等反应。其要求是耐高压、高温，有良好的搅拌功能、密封性能和一定的传热面积。

（2）高压釜的结构　高压釜的结构，如图 2-20 所示。这是一种磁力密封的高压釜，无任何泄漏和污染；高压釜的釜壁较厚，釜体材料主要采用不锈钢制作，也可根据不同介质要求采用钛材（TA2）、镍（Ni6）及复合钢板，釜体结构有平盖、凸形盖以及带人孔的闭式

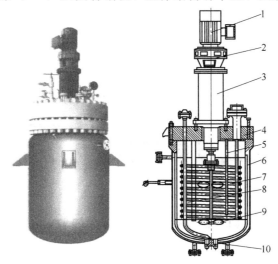

图 2-20　磁力密封高压釜

1—防爆电机；2—减速机；3—磁力偶合器；4—釜盖；

5—测温管；6—圆筒体；7—蛇管；8—压料管；

9—搅拌器；10—出料管

釜体；容积200L，压力≤20.0MPa，温度≤300℃，搅拌转速20～500r/min（可调）；加热方式有夹套水蒸气、夹套导热油及电加热等形式；搅拌根据反应要求可采用推进式或锚式搅拌器；有的搅拌轴做成空心轴且上部开窗，搅拌器采用自吸式轴流浆，这样未反应的气体可以通过空心轴及自吸式浆重新进入液相再反应。

任务评价

（1）填空题

① 硝化反应器材质有搪瓷碳钢、铸铁或＿＿＿＿＿等。

② 硝化釜冷却装置除夹套外，还安装蛇管。蛇管内冷却水应处于＿＿＿＿＿（负/正）压。

③ 在液-液非均相硝化反应中，搅拌器一般采用＿＿＿＿＿式。

④ 为了加强搅拌效率，硝化釜中往往在搅拌器与蛇管之间加＿＿＿＿＿。

⑤ 高压釜为了密封，采用了＿＿＿＿＿偶合装置。

⑥ 高压釜的釜壁较厚，釜体材料主要采用＿＿＿＿＿制作。

⑦ 常用型高压釜的最高压力≤＿＿＿＿＿MPa。

（2）选择题

① 还原釜是一个内部衬有＿＿＿＿＿材料的反应釜。

A. 耐热   B. 耐磨   C. 耐酸   D. 耐碱

② 液-液相磺化釜是一个带有钢质夹套的典型＿＿＿＿＿釜。

A. 塑料   B. 碳钢   C. 不锈钢   D. 铸铁

③ 液-液相磺化釜中钢质夹套与釜体连接方式为＿＿＿＿＿。

A. 焊接   B. 法兰连接   C. 螺纹连接   D. 黏结

（3）判断题

还原釜配置一个强有力的锚式搅拌器。（   ）

（4）思考题

液-液相磺化釜的夹套内为什么还要装蛇管？夹套内为什么还要灌铅-锑合金？

课外训练

总结硝化釜、还原釜、磺化釜、高压釜的特殊性各体现在哪些方面。

任务二　　釜式反应器装置系统的单步操作

 单元一　氮气保护及原料配料方法

任务目标

- 了解氮气保护目的
- 掌握原料配比确定
- 掌握多种原料定量配料方法

一、氮气保护目的

1. 氮气保护目的

在有些釜式反应器装置操作中，需要氮气置换与保护。氮气保护有两个目的。

一是作为安全措施置换釜中空气，防止易燃爆原料或产品与空气形成爆炸性混合气体。

二是对忌氧、忌水、忌二氧化碳的反应，通过氮气置换以除去釜中氧气、湿气或二氧化碳气体，并进行隔离。因为氧或氧自由基存在可能引起不饱和键反应或使产品颜色加深，而水的存在可能发生副反应或使产物分解，二氧化碳的存在可能会引起生成碳酸盐的反应。

2. 氮气保护操作

在大型化工厂，氮气由氮气站制备并通过氮气总管输送；小型装置也可使用钢瓶氮气。氮气钢瓶，如图 2-21 所示；钢瓶减压阀，如图 2-22 所示。

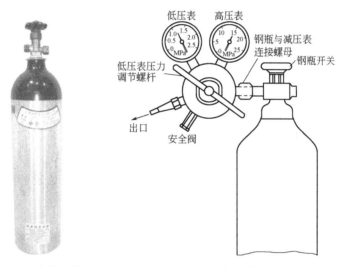

图 2-21　氮气钢瓶　　　　图 2-22　钢瓶减压阀

氮气作为保护气体使用也要注意安全，一旦使用不当或出现大量泄漏，会使人在无声无息中窒息死亡，因此对氮气保护操作必须严格按照规程进行。

置换气出口应挂警示牌。在设备密封前不能通入氮气，要防止氮气总管和保护设备出现大量泄漏。操作员作业时应避开氮气置换后气体的出口。安全员必须每班次两次用便携式气体探测仪监控车间内环境氧含量的变化，并及时督促车间通风换气。

二、原料配比确定

在有些釜式反应器装置操作中，涉及反应原料可能有多种，为降低原料消耗、提高反应物转化率，需要确定多种原料的配比。原料配比中最重要的是原料的分子比。

原料分子比的确定主要基于化学反应方程式中反应物的配比。对不完全反应，为了让贵重原料、有毒有害原料、难分离的原料尽可能转化，需要其他原料适当过量。

原料的分子比通过计算可转为原料质量比或原料体积比，计算中应考虑原料纯度。

三、多种原料定量配料方法

1. 称量方法

该法是按原料质量比，称取各种原料的质量；或按原料体积比，量取各种原料的体积。

2. 液位、流量定量配料方法

对于液体原料，存放的容器有确定的截面积，体积比可转换为容器的高度比，通过原料容器的液位计可定量配料；若输送原料采用计量泵，则在确定时间情况下体积比可转化为流量比［累积体积(m³)＝流量(m³/s)×时间（s）］，通过计量泵流量进行定量配料；对于连续釜，原料连续进料，可通过控制原料的流量进行定量配料。

任务评价

（1）选择题

下面_____项不需要氮气保护。

A. 存在易燃爆原料或产品的反应　　　B. 忌氧的反应　　　C. 忌水、忌二氧化碳的反应

D. 不存在易燃爆物，也不忌氧、忌水、忌二氧化碳的反应

（2）判断题

① 在氮气保护作业时，操作员应避开氮气置换后气体的出口。（　　　）

② 原料分子比确定主要基于化学反应方程式中反应物的配比。（　　　）

③ 对不完全反应，在确定原料配比时，一般让贵重原料、有毒有害原料、难分离的原料适当过量。（　　　）

④ 原料定量配料中可按原料的质量比，称取各种原料的质量。（　　　）

⑤ 对于液体原料，可通过原料罐的液位计进行定量配料。（　　　）

⑥ 对于连续釜，原料连续进料，可通过控制原料罐中的液位进行定量配料。（　　　）

课外训练

你印象中氮气有毒吗？通过互联网搜索氮气中毒的症状。

单元二　进行氮气保护、用泵加料及配料操作

任务目标

- 能使用氮气（或用二氧化碳模拟）钢瓶和减压阀
- 能辨析氮气置换空气的结果
- 能操作离心泵定量加料，用泵按比例加料

任务指导

在配置釜式反应器装置的化工实训室进行氮气钢瓶（或二氧化碳钢瓶）操作，并用氮气（或二氧化碳）置换操作，检查置换效果，用离心泵进行定量加料和按比例加料。

从安全考虑，对易燃爆原料加料，应注意防止静电火花。泵加料中除控制流速之外，应保持流体入口不露出液面，凡与物料相关的设备、管线、阀门、法兰等应形成一体并可靠接地。

反应设备 工艺卡片	训练班级		训练场地		学时	指导教师
					1	
训练任务	进行氮气保护、用泵加料及配料操作					
训练内容	进行氮气钢瓶(或二氧化碳钢瓶)操作及惰性气体置换,检查置换效果,用离心泵进行定量加料,用离心泵按比例加料					
设备与工具	标准型釜式反应器,二氧化碳钢瓶(模拟氮气置换),气相色谱仪(测置换效果)					

序号	工序	操作步骤	要点提示	数据记录或工艺参数
1	氮气钢瓶操作及惰性气体的置换	①检查减压阀与钢瓶连接、减压阀气体出口与反应釜进气口用管相连;反应釜出口必须有一路通大气(其管路上阀门打开),其他进出口阀门关闭。检查减压阀使其关闭。 ②逆时针旋转(打开)钢瓶开关,使高压表压力至 10～12MPa。 ③顺时针缓慢旋转低压表压力调节螺杆,使压力至 0.1MPa,过高会造成进料计量转子流量计爆炸。 ④向反应釜中通气 5min,之后关钢瓶开关,再关低压表调节螺杆	①反应釜出口须有一路通大气,否则反应釜超压;其他进、出口管路阀门关闭,防泄漏。 ②钢瓶总阀打开前减压阀应关闭。 ③高压表压力至 10MPa,逆时针开。 ④低压表压力至 0.1MPa,顺时针开螺杆,必须缓慢	高压表压力(MPa): 低压表压力(MPa): 检查反应釜出口通路: 检查其他管路阀门关闭: 给反应釜通置换时间: 反应釜压力(MPa): 通气结束时间:
2	检查置换效果	①在通大气管路上进行气体取样。 ②对取样气体用气相色谱仪分析	取样中不应面对置换气的出口	分析结果,置换气中二氧化碳含量(质量分数):
3	用离心泵进行定量加料	用离心泵对一种原料进行定量加料	按离心泵操作规范,用液位计量	原料罐液位初值(m): 原料罐液位终值(m):
4	用离心泵按比例加料	用离心泵 A 对一种原料、离心泵 B 对另一种原料进行定量加料	按离心泵操作规范,用流量计量	离心泵 A 的流量: 离心泵 B 的流量:

任务评价

检查工艺卡片上数据记录或工艺参数。

课外训练

要求准确计量的连续反应,计量泵加料与离心泵加料(调节流量)选哪种?为什么?

 单元三 真空系统使用方法

任务目标

- 了解真空系统构成
- 掌握真空系统操作
- 了解采用真空进行加料的优点及适用场合

一、真空系统构成

真空是在真空泵及其系统将真空容器中气体抽走而形成的。真空可为粗真空、低真空、中真空、高真空以及超高真空。粗真空绝压范围为 $1330\sim1\times10^5\,Pa$，低真空绝压范围为 $133\sim1330\,Pa$，中真空绝压范围为 $0.0133\sim133\,Pa$。化工生产对真空要求并不很高，多数属于粗真空范围。但有的缩聚反应，为提高平均分子量，反应末期要求很高的真空（绝压 $133.3\,Pa$ 左右）以移出析出的小分子，这个真空属于低中真空范围。化工设备包括反应釜，对真空要求越高，其密封性能也要求越好。

真空系统构成包括真空泵、冷阱（捕集油蒸汽，中高真空需要）、缓冲器（真空室）、真空总管、放气阀、真空压力表等部分。中高真空测压，采用热偶真空计、电离真空计等。

真空泵根据原理分机械真空泵和流体作用泵。常用真空泵及真空范围，如表 2-1 所示。

表 2-1 常用真空泵及真空范围

真空类型	工作原理	抽气起始绝压/Pa	极限真空（绝压）/Pa
旋片真空泵	偏心旋片旋转,借工作介质(机油)压缩输送气体,一般抽气速率偏小	1×10^5	6.7×10^{-1}
水环真空泵/陶瓷水环真空泵	偏心叶轮旋转,借工作介质(水)形成水环压缩输送气体	1×10^5	2.7×10^3
罗茨真空泵	靠腰形转子旋转压缩输送气体	1.3×10^3	1.3
水喷射泵	靠水在喷射口形成负压输送气体	1×10^5	1333
蒸汽喷射泵	靠水蒸气在喷射口形成负压输送气体	1×10^5	1.3×10^{-1}

二、真空系统操作

真空系统操作要领，如表 2-2 所示。

表 2-2 真空系统操作要领

真空类型	真空系统操作要领
旋片真空泵	①启动旋片真空泵时,首先要保证转子运动方向正确,而且油位合乎要求。 ②该类泵不能在大气压或较高压力下连续长时间工作,否则电机过热,泵喷出油雾。 ③该类泵把真空室直接抽至低于 $133.3\times10^{-1}\,Pa$ 压力,否则泵油蒸气会进入真空室,造成污染。如果在泵与真空室间设有冷阱,则允许机械泵抽到 $133.3\times10^{-1}\,Pa$ 以下的压力。 ④旋片真空泵启动前,开缓冲器上放空阀,停止后,立即将泵入口通入大气(开缓冲器上放空阀),防泵油进入真空室中
水环真空泵	①启动前拧下该泵泵体引水螺塞,灌注引水;关出水管路闸阀、气路进口真空表。 ②点动电机,试看电机转向是否正确;启动电机,正常运转后开气路进口真空表。 ③视其显示适当真空压力后,逐渐开大抽气阀门,同时检查电机负荷情况。 ④真空泵在运行过程中,轴承温度不能超过环境温度 $35\,℃$,最高温度不得超过 $80\,℃$。 ⑤如发现真空泵有异常声音,应立即停车检查原因。 ⑥真空泵要停止使用时,先关闭气路闸阀、真空表,然后停止电机
水喷射泵	用水喷射泵抽气时,应在水喷射泵与缓冲罐之间加装上安全水封(高于 10m),以防水压下降,水流倒吸;停止抽气前,应先放气,然后关喷射泵用水的加压离心泵
蒸汽喷射泵	用蒸汽喷射泵抽气时,应在蒸汽喷射泵与缓冲罐之间加装上安全水封(高于 10m),以防蒸汽压下降,冷凝水倒吸;停止抽气前,应先放气,然后关蒸汽阀

三、真空加料的优点及适用场合

真空抽料是化工生产中常用的一种流体输送方法，只要在反应釜的加料接管上连一根管子，就能方便地将桶装原料加进反应釜中。输送原料为腐蚀性物料，所连管子用塑料管；若腐蚀性物料还有挥发性，则应选陶瓷水环真空泵。输送原料为易燃爆的有机溶剂，所连管子应采用钢丝塑料管、与接管相连一端钢丝应固定在金属接管上、另一端管口插入液面之下，可防止静电积累和放电。

（1）优缺点　若有现成的真空总管，则真空加料结构简单，操作方便，没有动件。但真空加料中流量小且不易调节，只用于间歇送料。

（2）适应场合　特别适合间歇输送有毒、腐蚀性大、不易燃爆的流体，在有安全措施下可输送易燃爆的流体，可抽吸细粉料，旋片真空泵可抽吸含有大量水汽、可凝结的原料和易燃、易爆或有毒气体；不适用于输送易挥发的液体，旋片真空泵不适于抽除含氧过高的、对金属有腐蚀性的、对泵油会起化学反应以及含有颗粒尘埃的气体。

任务评价

（1）填空题

① 真空系统构成包括＿＿＿＿＿、冷阱、缓冲器、真空总管、放气阀、真空压力表等部分。

② 旋片真空泵不能在＿＿＿＿＿或较高压力下连续长时间工作，否则电机过热。

③ 旋片真空泵停止后，立即将泵入口通入＿＿＿＿＿，防泵油进入真空室中。

（2）选择题

化工生产对真空要求并不很高，多数属于＿＿＿＿＿范围。

A. 粗真空　　　　B. 低真空　　　　C. 中真空　　　　D. 高真空

（3）判断题

① 真空加料中一般流量大。（　　　）

② 真空加料适用于输送易挥发的液体。（　　　）

课外训练

对有机溶剂输送，真空抽料为什么比泵加料更要防范静电？

提示：流体流动，摩擦产生静电，静电不能通过塑料管只能通过金属导出。真空抽送往往从包装桶中取出原料，采用塑料管（不导静电）简易连接，而泵送一般用金属管固定连接。

 ## 单元四　进行真空抽送加料操作

任务目标

• 能进行旋片真空泵开、停车操作

• 能用真空向釜中加料

任务指导

在釜式反应器装置实训室，进行旋片真空泵开、停车操作，用真空向釜中加料。

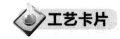

工艺卡片

反应设备 工艺卡片	训练班级	训练场地	学时	指导教师
			1	
训练任务	进行真空抽送加料操作			
训练内容	进行旋片真空泵开、停车操作,用真空向釜中加料			
设备与工具	釜式反应器装置(含旋片真空泵系统,原料罐)			

序号	工序	操作步骤	要点提示	数据记录或工艺参数
1	进行旋片真空泵开、停车操作	①启动前准备(关放空阀)。 ②旋片真空泵开车(开真空泵电源开关)。 ③旋片真空泵停车(关泵、开放空阀)。	①判断转子运动方向,采用点动。 ②开车范围仅限真空系统,维持3min	准备中检查情况: 真空表读数(MPa):
2	用真空向釜中加料	①检查反应釜的进出管路上阀门;检查原料罐中装原料(水)情况,读液位。 ②旋片真空泵重新开车。 ③开真空系统气路阀,将原料罐中水定量抽入反应釜。 ④旋片真空泵停车。排出釜中原料,所有阀门复位	①反应釜进出管路上所有阀门关闭,但加料接管上阀门开,并连一根管子,管口插入原料罐液面之下。 ②用管口插入进行深度计量。(生产中,从桶中抽出有机溶剂送入计量罐,不需计量,管口可始终在液面下)	检查情况: 转子流量计流量: 原料罐液位初值(m): 原料罐液位终值(m):

任务评价

检查工艺卡片上数据记录或工艺参数。

课外训练

观察:用真空对原料桶抽料中,当原料液位降至抽料管口(吸口)时有什么现象?

 单元五 釜式反应器加热（冷却）装置

任务目标

- 掌握夹套/蛇管传热装置
- 了解反应釜外冷/电加热装置
- 了解釜式反应器所用加热剂和冷却剂

任务指导

一、釜式反应器加热（冷却）方法

绝大多数的化学反应在进行时都有吸热或放热现象,并且需要一定的反应温度,所以几乎所有的反应设备都装有传热装置。釜式反应器的加热或冷却方法，取决于温度、传热速度的大小，以及所选定的传热剂的性质。

釜式反应器传热装置有夹套式、蛇管式、外冷式以及电加热等。

二、夹套/蛇管传热装置

（1）夹套 当传热速率要求不高和载热体工作压力低于 0.6MPa（158℃饱和水蒸气）时，常用夹套传热结构。当载热体工作压力大于 0.6MPa，夹套应采取加强措施。"蜂窝夹套"可用于 1MPa 饱和水蒸气（180℃）的加热；冲压式蜂窝夹套可耐更高的压力；用角钢焊在釜的外壁上，可提高耐压加热性能。夹套高度应比釜内液面高出 50~100mm，以保证传热。夹套上设排气/排废液短管，用以排净废气/废液或及时发现釜体渗漏。

（2）蛇管 当工艺需要的传热面积大、单靠夹套传热不能满足要求时，或者是反应釜内壁衬有橡胶、瓷砖、搪玻璃等非金属材料时，可采用蛇管或套管等传热。

蛇管浸没在物料中，热量损失少，且由于蛇管内传热介质流速高，它的给热系数比夹套大很多。但对于含有固体颗粒或黏稠的物料，会引起物料堆积和挂料，影响传热效果。

工业上常用的蛇管有水平式蛇管和直立式蛇管。排列紧密的水平式蛇管能起到导流筒的作用，排列紧密的直立式蛇管可起到挡板的作用，有利于改善液体流动状况和搅拌效果。

三、反应釜外冷/电加热装置

1. 反应釜外冷装置

反应釜外冷装置有外部循环式冷却换热器和回流冷凝器。

（1）外部循环式冷却换热器 当反应器的夹套和蛇管传热面积仍不能满足工艺要求，或不允许在反应器内安装蛇管时，可以通过泵将反应器内的料液抽出，经过外部换热器换热后再循环回到反应器内。外部循环式外冷装置可采用各种型式的换热器。

（2）回流冷凝器 在沸点下进行的放热反应且反应热效应很大时，可以采用回流冷凝法进行换热，所用装置为回流冷凝器，如图 2-23 所示。

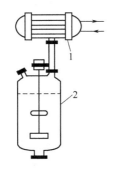

图 2-23 回流冷凝式外冷装置

1—回流冷凝器；2—反应釜

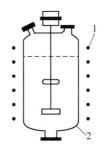

图 2-24 电感加热装置

1—电热器；2—反应釜

2. 反应釜电加热装置

（1）电感加热 利用交流电路所引起的磁通量变化在被加热体中感应产生的涡流损耗转变为热能。它适用釜体壁厚在 5~8mm 以上、高径比在 2~4 的反应釜的加热，加热温度在 500℃以下。其优点是施工简便，无明火，在易燃易爆环境中使用比其他加热方式安全，升温快，温度分布均匀。电感加热装置，如图 2-24 所示。

（2）电阻加热　电流通过电阻产生热量实现加热。在反应釜中常用电阻夹布加热法和插入式加热法。电阻夹布加热法是将电阻丝夹在用玻璃纤维织成的布中，包扎在反应釜外壁，可避免电阻丝暴露、防范引起火灾等危险；但电阻丝夹布不允许被水浸湿，否则会引起漏电和短路事故。插入式加热是将管式或棒状电加热器插入被加热介质中或夹套中实现加热。

四、釜式反应器用加热剂和冷却剂

1. 釜式反应器用加热剂

（1）水蒸气　这是应用最广的一种加热剂，其优点是价格便宜，易调节温度，水蒸气冷凝的给热系数大，有利于传热，蒸发潜热大，热效率高。非常适合温度低于150℃的场合加热。

（2）联苯混合物（导热油一种）　联苯混合物是一种目前应用较普遍的高温有机载热体。它是质量分数为26.5%联苯、73.5%二苯醚的低共熔和低共沸混合物，熔点为12.3℃，沸点为258℃，能在0.53MPa压力下得到350℃的加热温度，适合温度介于150~350℃场合的加热。

（3）熔盐加热　熔盐是硝酸钾、亚硝酸钠（$NaNO_2$）及硝酸钠的混合物。将粉状的混合盐放入熔融槽，通过槽内安装的高压蒸汽加热管或电加热管进行加热熔化，一直加热到槽内熔盐的黏度可以用循环泵打循环，使整个系统成为流动可循环状态后，然后用泵送到热载体炉进一步循环升温，达到可以使用的温度。适合温度介于350~600℃场合的加热。

2. 釜式反应器用冷却剂

（1）水　有河水、井水和城市水厂给水等，水温随地区和季节而变。深井水的水温较低而且稳定，一般在15~20℃，冷却效果好，也最为常用。水的硬度越大，水的出口温度要求越低，一般不超过60℃，换热面不易清洗时不超过50℃，以免水垢的迅速生成。

（2）氯化钙水溶液　通常被称为冷冻盐水，用作低温冷却剂（15℃以下）。常用冷冻盐水的含量为30%，15℃时相对密度为1.3，起始凝固温度为-55℃。冷冻盐水对金属材料有腐蚀性，使用时需加缓蚀剂重铬酸钾及氢氧化钠，调整盐水pH为7.0~8.5，呈弱碱性。

任务评价

（1）填空题

① 釜式反应器的加热或冷却方法取决于＿＿＿＿＿、传热速度的大小、传热剂的性质。

② 釜式反应器传热装置有夹套式、＿＿＿＿＿、外冷式以及电加热等。

③ 夹套非常适合作为＿＿＿＿要求不高、载热体工作压力低于0.6MPa反应釜的传热装置。

④ 蛇管作为反应釜的传热装置其突出优点是＿＿＿＿高。

⑤ 蛇管作为涉及＿＿＿＿＿＿＿的物料反应釜的传热装置，存在挂料现象，使传热效果变差。

（2）选择题

① 反应釜内壁衬有橡胶时，首选的传热装置是＿＿＿＿。

A. 夹套　　　　　B. 蛇管　　　　　C. 外部循环式换热器　　　　　D. 回流冷凝器

② 在沸点下进行的放热反应且反应热效应很大时，可采用_____进行换热。

A. 夹套　　　　　B. 蛇管　　　　　C. 外部循环式换热器　　　　　D. 回流冷凝器

（3）判断题

① 反应釜外冷装置有夹套和回流冷凝器。（　　　）

② 电感加热优点是有明火、升温快，温度分布均匀。（　　　）

③ 反应温度介于 150～350℃，加热剂优先选择水蒸气。（　　　）

④ 反应温度要求为 5℃，冷却剂选择深井水。（　　　）

课外训练

低温冷却剂为什么用冷冻盐水，而不用水？

 # 单元六　进行加热（冷却）及回流操作

任务目标

- 能对釜内物料进行电加热，能利用夹套加热釜内物料、利用蛇管冷却釜内物料
- 能操作冷凝器、并使冷凝液回流

任务指导

在釜式反应器装置实训室，对釜内物料进行电加热，利用夹套加热釜内物料，利用蛇管冷却釜内物料，操作冷凝器、并使冷凝液回流。

工艺卡片

反应设备 工艺卡片	训练班级	训练场地	学时	指导教师
			1	
训练任务	进行加热（冷却）及回流操作（原料为水，20L——不能少，否则电加热会出现干烧）			
训练内容	对釜（槽）内物料进行电加热，利用夹套加热釜内物料，利用蛇管冷却釜内物料，操作冷凝器，并使冷凝液回流			
设备与工具	釜式反应器装置（含电加热的热水槽、循环水槽、热水泵、回流冷凝器、真空泵）			

序号	工序	操作步骤	要点提示	数据记录或工艺参数
1	训练前准备	①热水槽中加水到合适液位，并将水加热到 75℃。 ②循环水槽加水至合适液位。 ③反应釜中加定量原料（水），并将釜内原料加热到 70℃		—
2	对釜（槽）内物料电加热	利用电加热，将热水槽中水加热到 85℃，并控制在该温度	启动电加热，控制热水槽温度为 85℃	初始温度（℃）： 初时间：　　终时间：
3	利用夹套加热釜内物料	①按规范启动热水泵，将热水送入夹套，并循环回热水槽。 ②釜内原料加热到 75℃停泵	用热水通过夹套加热釜内原料至 75℃	初始温度（℃）： 初时间：　　终时间：

序号	工序	操作步骤	要点提示	数据记录或工艺参数
4	利用蛇管冷却釜内物料	①给反应釜蛇管通冷却水。②釜内原料冷却到70℃停水	用冷却水通过蛇管冷却釜内原料至70℃	初始温度(℃)： 初时间：　终时间：
5	操作冷凝器，使冷凝液回流(5min内,否则釜内原料少而干烧)	①按规范开热水泵(热水加热)。②开釜内电加热,温度控制在85℃。③给冷凝器通冷水,开回流阀。④按规范开真空泵对釜抽真空。⑤关回流阀,计时;凝液收集于冷凝罐,5min后停止抽真空,冷凝罐放空。⑥按规范停真空泵、停釜内电加热、停热水泵、关冷凝器冷水。⑦量凝液体积		釜内温度(℃)： 釜内压力(kPa)： 计时初时间： 终时间： 凝液体积(mL)：

任务评价

检查工艺卡片上数据记录或工艺参数。

课外训练

为什么在真空下，水于85℃时能大量被汽化（从而可以进入冷凝器中冷凝）？

 单元七 真空蒸馏方法

任务目标

- 了解液体压力与沸点关系，了解真空蒸馏作用
- 掌握真空下简单蒸馏的要点

任务指导

一、液体压力与沸点的关系

液体具有挥发性，液体挥发产生蒸气；蒸气有凝结倾向，蒸气凝结形成液体。

液体饱和蒸气压是在某温度下置于密闭真空体系中，液体挥发速率与蒸气凝结速率相等时蒸气所维持的压力，对应的蒸气称饱和蒸气。

沸点是液体处于开放体系中（敞口）、在一定压力下沸腾的温度，或者说沸点是液体饱和蒸气压等于外界压力时的温度（这时蒸气为纯组分，其中不存在其他气体）。液体内部不断产生气泡的现象称为沸腾，沸腾会在液体饱和蒸气压等于外界压力时产生。水100℃时饱和蒸气压为101.3kPa，换句话讲，水在101.3kPa压力下沸点是100℃。

液体的沸点随压力升高而升高，随压力降低而降低。水在2.33kPa压力下沸点是20℃。

二、真空蒸馏作用

1. 液-液混合溶液中组分的挥发性

液-液混合溶液中各组分液体具有挥发性，挥发形成混合蒸气，但对于开放体系中过冷状态的混合液体，形成的混合蒸气仅为气相中部分构成，只有沸腾状态下形成的混合蒸气才占据气相全部；混合蒸气中各组分有凝结倾向，当遇冷或加压后凝结形成混合液体，过热状

态下的混合蒸气不会凝结成液体。

多数情况下，同温度纯组分的饱和蒸气压越高，在液-液混合溶液中也更易挥发，只是蒸汽压下降、依组分的含量而变（符合拉乌尔定律）。比如，同温度下纯苯的饱和蒸气压比纯甲苯的高，而在苯与甲苯的双组分混合溶液中，苯比甲苯也更易挥发。

有些情况下，同温度纯组分的饱和蒸气压比其他纯组分的高，但在液-液混合溶液中并不一定更易挥发。比如，同温度下乙醇的饱和蒸气压比水的高，在乙醇与水二组分溶液中，当乙醇含量低时，乙醇比水更易挥发，但共沸物中乙醇与水挥发性相同，当乙醇含量高于共沸物组分时，水比乙醇更易挥发。

2. 真空蒸馏作用

利用液-液混合溶液各组分的挥发性不同，可以实现各组分的分离，其过程是让液-液混合溶液在开放体系中（至少有一个出口）、在一定外压下，加热到气液两相共存区（存在气-液两相且混合蒸气压力应上升到与外压相等）并尽量达到气-液相平衡，这样气相中易挥发组分含量比原溶液中更高，而液相中难挥发组分含量比原溶液中更高，该单元操作称为蒸馏。外压低于大气压的蒸馏，就是真空蒸馏，其作用如下：

① 可以降低蒸馏的操作温度，从而防止热敏性物料发生化学变化。

② 对多数液-液混合溶液，操作温度降低，各组成的饱和蒸气压差别更大，相对挥发度更高，各组分之间更容易分离，分离效果更好。

③ 对沸点相近、难分离的混合物，可以减少精馏塔塔板数，以使精馏塔不会过高。

三、真空下简单蒸馏的要点

蒸馏包括简单蒸馏和精馏。连续精馏主要用于规模大的场合，用于分离液-液混合溶液，而间歇精馏及简单蒸馏在间歇反应的后处理中常用。

简单蒸馏的特点：①适合分离组分间挥发性相差很大的液-液混合溶液，但产品纯度不高；②设备少，反应釜可作为蒸馏釜，只要一个冷凝器和几个接收器；③简单蒸馏中低泡点的物料先被蒸出，釜中残留的是高泡点的物料；④蒸馏温度会越来越高；⑤可依馏程，将馏出物接入不同接收器；⑥在高温馏程段，可配合真空进行简单蒸馏。

真空下简单蒸馏的要点：①先用常压蒸馏将易挥发组分先蒸出；②冷凝器应通好足够冷水，确保馏出物绝大部分能冷凝；③开启真空系统，确保真空室为真空状态；④关准备使用的接收器的放空阀，开准备使用的接收器的进料阀，关已使用的接收器的进料阀；⑤开真空阀，给蒸馏釜及冷凝器抽真空；⑥在真空状态下不能对正在接收物料的接收器放料。

任务评价

（1）填空题

① 液体饱和蒸气压等于某温度下液体挥发与蒸气凝结速率相等时_____分压。

② 多数情况下，同温度纯组分的饱和蒸气压越高，在液-液混合溶液中也更易_____。

③ 共沸物中乙醇与水挥发性_____。

④ 真空蒸馏可以降低蒸馏的_____操作，从而防止热敏性物料发生化学变化。

⑤ 在真空简单蒸馏前，用常压蒸馏将_____组分先蒸出。

(2) 判断题

① 沸点是液体饱和蒸气压等于外界压力时的温度。（　　　）

② 液体的沸点随压力升高而降低。（　　　）

③ 过冷状态的混合液体其液面一定存在蒸气。（　　　）

④ 过热状态的混合蒸气其中一定夹带液滴。（　　　）

⑤ 在真空简单蒸馏中，真空状态下不能对正在接收物料的接收器放料。（　　　）

课外训练

通过互联网搜索获得无水乙醇的方法。

 **单元八　进行真空蒸馏操作**

任务目标

- 能按规范操作真空系统，并按要求调节釜内真空度
- 能用热水对釜内物料进行加热
- 能真空蒸出釜内高沸点馏分

任务指导

在釜式反应器装置实训室，按规范操作真空系统，并按要求调节釜内真空度，用热水对釜内物料进行加热，真空蒸出釜内高沸点馏分。

工艺卡片

反应设备 工艺卡片	训练班级	训练场地	学时	指导教师
			1	
训练任务	进行真空蒸馏操作〔原料为 5％（体积分数）乙醇水溶液，10L——不能用电加热〕			
训练内容	用热水对釜内物料进行加热（间歇蒸馏），按规范操作真空系统，并按要求调节釜内真空度，真空蒸出釜内高沸点馏分（真空间歇蒸馏）			
设备与工具	釜式反应器装置（含电加热的热水槽、循环水槽、热水泵、回流冷凝器、真空泵）			

序号	工序	操作步骤	要点提示	数据记录或工艺参数
1	训练前准备	①热水槽中加水到合适液位，将水加热并控制到90℃。 ②循环水槽加水至合适液位。 ③反应釜中加定量原料，并将釜内原料加热到65℃		
2	用热水对釜内物料进行加热，并蒸馏	①给冷凝器通冷水；关回流阀；开冷凝罐进料阀和放空阀；关反应釜中所有进料阀。 ②按规范启动热水泵，将热水送入夹套循环，泵出口温度为90℃。 ③釜内温度达到85℃，按规范停热水泵。量取冷凝罐中冷凝液	①用热水加热釜内物料，同时也进行蒸馏。 ②65～85℃的冷凝液（Ⅰ）收集于冷凝罐中	启动热水泵时间： 启动热水泵釜内温度（℃）： 停热水泵时间： 停热水泵釜内温度： 冷凝液（Ⅰ）的体积（L）：

序号	工序	操作步骤	要点提示	数据记录或工艺参数
3	按规范操作真空系统，并按要求调节釜内真空度，真空蒸出釜内高沸点馏分	①用蛇管通冷水对釜内物料进行冷却，温度至60℃停冷水。 ②按规范开启真空系统。 ③按规范启动热水泵，泵出口温度设置为90℃。 ④开真空系统气路阀，对釜抽真空，通过真空系统气路阀调节釜内真空度到80kPa左右，计时。 ⑤10min后停止抽真空，冷凝罐放空。 ⑥按规范停真空泵、热水泵，关冷凝器冷水。 ⑦量冷凝液	①在真空度为80kPa的压力下，收集60℃以上的馏分10min，冷凝液（Ⅱ）收集于冷凝罐中。 ②真空蒸馏蒸出的主要为水。 ③收集两次冷凝液，混合装入桶中，供下次配料时使用	开真空气路阀时间： 釜内真空度(kPa)： 釜内温度(℃)： 真空蒸馏10min后釜内真空度(kPa)： 釜内温度(℃)： 冷凝液（Ⅱ）的体积(L)：

任务评价

检查工艺卡片上数据记录或工艺参数。

课外训练

查找资料，水在60℃的饱和蒸气压为多少？釜内温度为85℃时，开真空系统气路阀后，釜内（水）真空度能立即调到80kPa吗？

单元九 搅拌装置和传动装置

任务目标

- 掌握搅拌装置的类型及适用场合
- 了解轴封类型及适用场合，减速机类型及适用场合

任务指导

一、搅拌装置的类型及适用场合

1. 搅拌器的工作原理

实现搅拌操作的主要部件是叶轮，其作用是通过其自身的旋转将机械能传送给液体，使叶轮附近区域的流体湍动，同时所产生的高射流推动全部液体在反应釜内沿一定途径作循环流动。当液体从叶轮轴向流入并流出时，称此叶轮为轴向叶轮，螺旋桨式叶轮是一种典型轴向叶轮，如图2-25所示，轴向流动如图2-26所示。当液体从叶轮轴向流入、从半径方向流

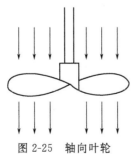

图 2-25 轴向叶轮

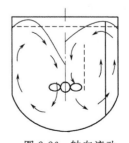

图 2-26 轴向流动

出时，此叶轮称为径向叶轮，6 个平片的涡轮叶轮是一种典型的径向叶轮，如图 2-27 所示，径向流动如图 2-28 所示。

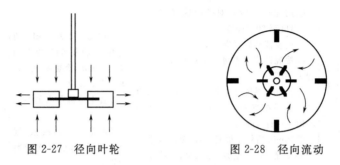

图 2-27　径向叶轮　　　　　　　　图 2-28　径向流动

2. 搅拌器的类型及应用

（1）搅拌器的类型　搅拌器分轴流式、混流式和径流式三大类型，每大类中又有多种形式（见图 2-29）。

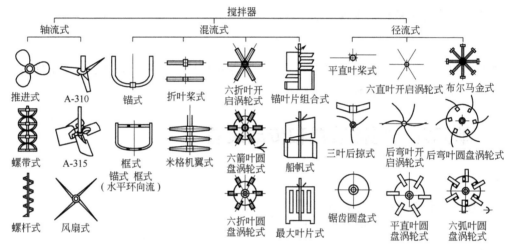

图 2-29　搅拌器的类型

（2）搅拌器的主要类型及应用

① 桨式搅拌器　可以用钢制，也可以用高分子材料制成。适用于不需要剧烈混合的场合，如用于简单的液体混合、固体溶解、结晶和沉淀等；也可以适用于混合黏度达 $2 \times 10^5 cP$（$1cP = 10^{-3} Pa \cdot s$）的液体系统。桨叶的型式可以是平直叶或折叶，桨叶的总长度约为反应釜直径的 1/3～2/3，转速为 12～80r/min（即转/分），在反应釜中视情况需要可以安装好几层桨叶，各层桨叶可以平行安装，也可以错开 90°角安装。最下一层桨叶与釜底的距离约为反应釜直径的 1/6～1/10，各层桨叶的最大距离约为釜直径的 2/3 左右。

② 框式/锚式搅拌器　框式搅拌器用扁钢或塑料片制成，可使物料作不太剧烈的上下混合，例如用于糊状物的稀释、浆状物的混合和使传热加强，以及在生产过程中有沉淀析出于反应釜壁和反应釜底的场合。对于直径在 600～1500mm（容积为 250～1800L）的设备而言，框边与釜壁的距离为 25～30mm，转速为 12～60r/min。

锚式搅拌器可用不锈钢管和无缝钢管外面涂以搪玻璃材料（见图 2-30）制成。作用大体与框式搅拌器相同，尤其适用于搅拌黏稠且有腐蚀性的物料。为了刮除黏着在釜壁上的物料，锚式搅拌器宽度可做成与反应釜的直径相近。通常锚式搅拌器的宽度与框式搅拌器相同，特殊情况下锚式搅拌器与反应釜壁的距离可缩小到 5mm 左右。

锚式、框式搅拌器实际上是平叶片桨式搅拌器的变形，但转动半径更大，不产生高速液流，适用于较高黏度液体的搅拌。

③ 推进器式搅拌器　采用螺旋桨式叶轮，可由 2 个叶片组成，也可以由 3 个叶片组成，一般用不锈钢制成，用于对所处理的物料作剧烈的混合，可以搅拌黏度在 6000cP 以上的液体，可以使易分层的液体形成乳浊液，或保持物料在悬浮状态。搅拌器的直径一般为反应釜直径的 1/4～1/3，搅拌器的转速为 160～1000r/min。搅拌器与反应釜底的距离约为搅拌器直径的 1/2。有时为了提高搅拌效率，推进器式搅拌器常常被放进一个转向器，转向器是用来引导循环液流的方向的，转向器与搅拌器叶轮之间的间隙为 7.5～10mm。

④ 涡轮式搅拌器　这类搅拌器能保证被处理物料作最剧烈的混合，用以混合几种密度不同的黏稠液体形成乳浊液，它是由拧紧在轴上的所谓涡轮组成。在涡轮旋转时混合液体从中心被吸入，在离心力的作用下向四面喷散。涡轮的直径一般为反应釜直径的 1/4～1/3，转速为 200～1000r/min，如图 2-31 所示。

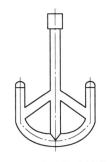

图 2-30　搪瓷锚式搅拌器

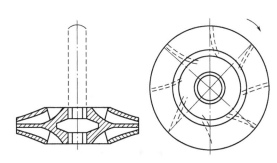

图 2-31　涡轮式搅拌器

（3）搅拌器的选择　对于低黏度均相液体的混合，控制因素是循环流量，选择顺序推进式、涡轮式、桨式。

对于非均相液-液分散过程，控制因素为剪切作用，同时也要求有较大的循环流量。选择顺序排列：涡轮式、推进式、桨式。

对于固体悬浮操作，一般情况下，可采用框式搅拌器；固、液密度差小，选择推进式；固、液密度差大时，选择开启涡轮式。当固体颗粒对叶轮的腐蚀性较大时，选择开启弯叶涡轮式。

对于固体溶解，选择开启涡轮式。对一些易溶的块状固体，则常用桨式或框式。

微粒结晶选择涡轮式。粒度较大的结晶选择桨式。对于以传热为主的搅拌选择涡轮式。

二、轴封类型及适用场合

1. 搅拌轴密封装置的类型及应用

在装有搅拌器的反应釜中，搅拌轴要从釜盖穿出，以便和传动装置相连。为了在轴能够转动下防止设备内的物料蒸汽或气体沿轴孔逸出，或保证釜内真空状态，需要轴封装置。搅拌前，需对轴封装置加润滑油润滑。轴封装置分为填料密封和机械密封。

（1）填料密封　如图 2-32、图 2-33 所示，填料箱本体与轴之间留出的空隙内，塞以填料。常用的填料有油石棉、聚四氟乙烯等。将填料圈成环状，然后用木棒将其塞入装填料的空隙中，填料应分数次填装和压紧。然后压上填料箱压盖，均匀地拧紧压盖上的螺栓，这时填料箱压盖逐渐向下挤压填料，使反应釜达到密闭。但应注意在拧紧螺栓时要避免填料过分压紧，因为这样会增大轴与填料之间的摩擦而引起过热，甚至轴会因此不能转动。为了降低搅拌轴与填料摩擦时所产生的高温，填料箱有时带有冷却装置。

（2）机械密封　如图 2-34 所示，机械密封结构较复杂，但密封效果甚佳。

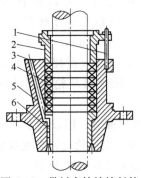 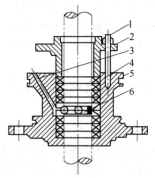 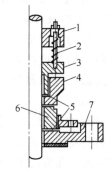

图 2-32　带衬套铸铁填料箱　　　图 2-33　带油环铸铁填料箱　　　图 2-34　机械密封装置

1—螺栓；2—压盖；3—加油口；　　1—螺栓；2—压盖；3—加油口；　　1—弹簧座；2—弹簧；3—弹簧

4—填料；5—箱体；6—衬套　　　4—填料；5—箱体；6—油环　　　压板；4—动环；5—密封圈；

6—静环；7—静环座

2. 磁力传动

磁力传动需要采用磁力偶合器，如图 2-20 所示。该装置属于隔离式传动，因而不需要轴封也有优良的密封性能。磁力偶合器运行时产生热量，为防止高温失磁，应通冷却水冷却。

三、减速机的类型及适用场合

由电动机将动力传给搅拌轴的整个机构称为搅拌器的传动装置。由电动机通过齿轮或蜗杆传动装置来带动搅拌器的轴，并直接与电动机相连，这样的传动装置称为个别传动，其优点为紧凑、容易照看、安全，传动效率高，功率系数大，操作方便。其形式有摆线针轮减速机、齿轮减速机和涡轮减速机等。减速机运行中，需要润滑油润滑。

（1）（行星）摆线针轮减速机　传动不改变方向（输入轴和输出轴在同一轴线上）；一级传动减速比为 9～87，双级传动减速比为 121～5133，一级减速效率达 94%；运转平稳、噪声低；使用可靠，寿命长；结构紧凑，体积小。

（2）齿轮减速机　齿轮减速器的减速比不能很大，用于搅拌器转速（100～400r/min）较高（一般电机转速在 2900r/min，搅拌器转速较高意味减速比允许较小）的场合。

（3）涡轮减速器　传动方向改变 90°，其减速比可以较大，应用于需要低速搅拌（20～120r/min）的场合。对于转速小于 20r/min 的搅拌器，则往往采用多级减速器。

任务评价

（1）填空题

① 螺旋桨式叶轮是一种典型的_____向叶轮。

② 六个平片的涡轮叶轮是一种典型的_____向叶轮。

（2）选择题

① 适用于快速搅拌的搅拌器类型为_____。

A. 桨式　　　　　　B. 框式　　　　　　C. 锚式　　　　　　D. 推进器式/涡轮式

② 在粒度较大的结晶中搅拌，优选的搅拌器类型为_____。

A. 桨式　　　　　　 B. 框式　　　　　　 C. 锚式　　　　　　 D. 推进器式/涡轮式

③ 适用于以传热为主进行搅拌和黏稠液体分散的搅拌器类型为_____。

A. 桨式　　　　　　 B. 框式　　　　　　 C. 锚式　　　　　　 D. 涡轮式

④ 能刮除黏着在釜壁上物料的搅拌器类型为_____。

A. 桨式　　　　　　 B. 框式　　　　　　 C. 锚式　　　　　　 D. 涡轮式

⑤ 若需要减速机占地体积小，同时输出转速要求在 100r/min 以下，选_____。

A. 摆线针轮减速机　　 B. 齿轮减速机　　 C. 涡轮减速器　　 D. 皮带传动

⑥ 若需要搅拌轴功率较大，同时输出转速要求在 100r/min 以下，选_____。

A. 摆线针轮减速机　　 B. 齿轮减速机　　 C. 涡轮减速器　　 D. 皮带传动

（3）判断题

① 填料密封能用于轴封，但若填料被压得过紧，会引起过热。（　　）

② 机械密封用于轴封的密封效果不如填料密封的好。（　　）

③ 磁力偶合器运行时为防止高温失磁，应通冷却水冷却。（　　）

课外训练

为什么反应釜的搅拌装置一定要配减速机？

单元十　进行搅拌、放料、压料操作

任务目标

- 能辨析搅拌器与密封装置类型、能辨析减速机类型
- 能按规范操作搅拌装置，并通过调频来调节搅拌器的转速
- 能判断搅拌是否使釜内物料达到均匀
- 能通过底阀放出定量物料，能用压缩气体通过压料管压出定量物料

任务指导

在釜式反应器装置实训室，辨析搅拌器与密封装置类型、辨析减速机类型，按规范操作搅拌装置、通过调频来调节搅拌器的转速，并判断搅拌是否使釜内物料达到均匀，通过底阀放出定量物料，能用压缩气体通过压料管压出定量物料。

工艺卡片

反应设备工艺卡片	训练班级	训练场地	学时	指导教师
			2	
训练任务	进行搅拌、放料、压料操作(反应釜中装水 30L)			
训练内容	辨析搅拌器、密封装置、减速机类型，按规范操作搅拌装置，通过调频来调节搅拌器的转速，并判断搅拌是否使釜内物料达到均匀，通过底阀放出定量物料，能用压缩气体通过压料管压出定量物料			
设备与工具	釜式反应器装置，电导率仪(电导率：mS/cm)，元明粉(带结晶水的硫酸钠)			

序号	工序	操作步骤	要点提示	数据记录或工艺参数
1	训练前准备	①预先测定 30L 水中溶解 100g 元明粉的电导率。 ②反应釜中加定量原料		—
2	辨析搅拌器、密封装置、减速机类型	①辨析搅拌器类型。 ②辨析密封装置类型。 ③辨析减速机类型	根据铭牌及实物判断	搅拌器类型： 密封装置类型： 减速机类型：
3	按规范操作搅拌装置，通过调频来调节搅拌器的转速，并判断搅拌是否使釜内物料达到均匀	①按规范启动搅拌装置，通过调频来调节搅拌器的转速为 30r/min。 ②缓慢加入元明粉（带结晶水的硫酸钠）100g，计时，自定搅拌转速（只允许一个值），并将转速调至该值。 ③每 5min 从釜底取样一次（先放掉出料管中藏的物料。若在没有搅拌下加入元明粉，则可能沉底，进入出料管被排出），测定电导率，直到两次测得电导率相同，停止搅拌。 ④按规范操作，停止搅拌。 ⑤与老师提供的电导率比较，判断溶解效果	①电导率能反映水中含硫酸钠的浓度。 ②两次电导率相同，则釜中物料浓度相同，可认为釜内物料达到均匀。 ③加入元明粉应缓慢，主要是为了防止其沉底，进入出料管被排出	带结晶水的硫酸钠分子式： 称取元明粉的质量(g)： 实际加入硫酸钠的质量(g)： 完全溶解的浓度： 加入元明粉的时间： 全部加完元明粉的时间： 自定搅拌转速(r/min)： 实际搅拌转速(r/min)： 第一次取样的时间： 第一次测得的电导率： 第二次取样的时间： 第二次测得的电导率： 第三次取样的时间： 第三次测得的电导率：
4	通过底阀放出定量物料，能用压缩气体通过压料管压出定量物料	①通过底阀放出 5L 的反应釜中的物料，量体积。 ②按规范操作，用钢瓶二氧化碳气体通过压料管压出 1L 的反应釜中的物料	用压缩气体通过压料管压料的操作规范同氮气保护，低压表压力应低于 0.2MPa	通过底阀放出反应釜中物料量(L)： 钢瓶 CO_2 低压表压力(MPa)： 釜内压力(kPa)： 用压缩二氧化碳气体通过压料管压出反应釜中的物料量(L)：

任务评价

检查工艺卡片上数据记录或工艺参数。

课外训练

反应釜中配制溶液与实验室中用烧杯配制溶液有什么不同？

任务三 操作釜式/槽式反应器装置系统

单元一 釜式反应器的工作原理及日常维护要点

任务目标

• 了解釜式反应器的工作原理

- 了解釜式反应器的优缺点
- 掌握釜式反应器的日常维护要点

一、釜式反应器的工作原理

釜式反应器是一种用于含液相的物系进行化学反应的设备。该设备只要提供良好的混合、合适的温度和压力等反应条件，就能确保反应的发生（催化反应还需要催化剂存在）；给予足够反应时间，就能达到希望的收率；配合合理的加料和出料措施，就能方便地加入原料和取出产物。

1. 混合原理

属于动量传递，混合效果取决于搅拌器类型和转速（搅拌强度），混合的目的是使釜内物料的浓度均匀，增加反应物之间相际接触面。实现搅拌操作的主要部件是叶轮。从动量传递看，叶轮分为轴向叶轮、径向叶轮和混流叶轮。

轴向叶轮能使反应物料在釜内做上下方向的流动与混合。轴向叶轮的搅拌对液-液非均相、液-固非均相反应非常有利，因为液-液/液-固非均相体系中存在一个液相密度较小、另一个液相/固相密度较大、且两个液相间或固-液相间互相不溶，所以轴相流动有助于将密度较小的液相推入密度较大的液相/固相、将密度较大的液相/固相推到密度较小的液相位置，从而加强两相之间的混合，同时轴向叶轮有助于推动釜中心物料流经釜壁，加强蛇管与夹套的对流传热。但典型的轴向叶轮如螺旋桨式叶轮，也存在缺点，即剪切力不大、不易将分散相（一般以量少的一相为分散相）破碎，因而在反应放热量大、温度难控制的反应中适合（螺旋桨叶轮不易破碎分散相，反应速率较慢，温度易控制），代价是延长反应时间。

混流叶轮，如折叶涡轮，不仅使反应物料在釜内做上下方向而且做水平方向（径向）的流动与混合，同时提供很大的剪切力使分散相破碎，可以加速液相与液相、液相与固相之间的破碎与混合，还可加速液-液均相的破碎与混合，在反应放热量适中、温度易控制的反应中特别适合，可以缩短反应时间。在混流叶轮中，锚式搅拌器也常采用，如搪瓷釜中就常用搪瓷锚式搅拌器，该搅拌器可使物料做不太剧烈的上下混合，适合对搅拌要求不高的反应，非常适合存在糊状物和有沉淀析出的反应，为了刮除黏着在釜壁上的物料，锚式搅拌器宽度可做成与反应釜的直径相近。

径向叶轮有一定的剪切力，但只能使反应物料在釜内做水平方向（径向）流动与混合，因而不适合用于液-液非均相反应。

2. 传质原理

在釜式反应器中进行气-液非均相反应时，为了使气相与液相充分接触，要让液相流动、让气相分散，以增加气相与液相的接触界面。由于气相中分子稀薄，光依靠在相际间的反应、转化非常有限，为推动反应进行，希望气相中的物质通过相际间的传质进入液相，该传质过程原理遵循双膜理论，温度低、压力高、搅拌强有助提高传质推动力。

3. 传热原理

化学反应需要一定温度，有些化学反应伴随热效应，要么放热、要么吸热。对于吸热反应，需要提供热量、升温启动化学反应，并维持一定温度；对于放热反应，需要提供热量，升温启动化学反应，反应开始后需要传出热量维持一定温度。因而对釜式反应器而言，传热装置是必不可少的构件。传热方式一般采用间壁式对流传热，传热装置形式有夹套式、蛇管式、列管式、外部循环式、回流冷凝式等，其中夹套式、蛇管式、列管式、外部循环式通过传热面实现传热介质与反应釜内物料的传热，而回流冷凝式靠反应混合物蒸发带出热量，再通过冷凝器传给冷却介质。由于对釜内物料传热属于对流传热，因而搅拌有助于提高釜内各处温度的均匀性和传热效果。

4. 停留时间

搅拌、传质、传热、反应过程都与时间有关。时间短，搅拌可能不能使釜内物料接近均匀，气相物料传质可能不能达到平衡，传热过程热量可能来不及提供或传出，同时，反应转化率可能很低。在间歇操作中，物料中不同粒子在釜内停留时间相同，且可以人为控制。连续操作中，不同粒子在釜内停留时间不相同，从理论上讲，有的瞬间离开，有的永远不离开，只能取平均停留时间。为了确保平均停留时间足够，若进、出连续釜的物料流量提高，则连续反应釜的体积必须做得更大。

釜式反应器操作中，为了获得目的产物的高收率，在催化剂配合下（催化反应才需要催化剂），需要确保搅拌、传质（气-液相反应）、传热处于良好状态并协调工作，调节合适的反应温度和压力，并给予足够的停留时间。

二、釜式反应器的优缺点

1. 釜式反应器的优点

（1）适用范围广　釜式反应器适用于几乎所有有机合成的单元过程，可用于多数含液相的物系进行的化学反应。

（2）操作弹性大　间歇釜操作中，在最大容积之下，反应物的量可多可少；连续釜操作中可根据需要随时终止生产，便于改变反应条件。

（3）装置调整灵活　只要调整部分子系统如原料进料系统，就可以生产不同的产品。

（4）温度、浓度易控制　通过传热装置易实现对温度的控制，通过原料计量易实现对原料浓度的控制。

（5）装置尺寸易于放大　工业反应釜易根据中试设备进行放大设计。

（6）连续釜操作中省去进料、出料作业　此操作节省大量的辅助操作时间，生产能力可得到充分的发挥；同时减轻了体力劳动强度，容易全面实现机械化和自动化，在很多场合也降低了原材料和能量的损耗。连续釜迄今仍然是应用最广泛的反应器型式之一。

2. 釜式反应器的缺点

（1）间歇釜用于生产，会造成不同批次产品之间存在质量差异，需有装料和卸料等辅助操作，辅助时间占的比例大，劳动强度高，生产效率低。

（2）连续釜用于生产，搅拌作用会造成釜内流体的返混，可能降低化学反应的转化率，且设备容积要求偏大。

间歇釜在一些如发酵过程和聚合物生产中的乳液及悬浮液聚合，以及实现连续生产尚有困难的场合至今仍采用。连续釜在如染料、医药中间体、化学合成药、精细无机化学品等化工产品生产中仍普遍采用，在有色冶金及化学矿加工中的液-固相反应、气-液-固非催化及催化的三相反应、油脂加氢或有机物氧化的气-液相反应、气-液相络合催化反应等过程也常采用。

三、釜式反应器的日常维护要点

1. 反应釜完好的标准

（1）运行正常，效能良好

① 设备生产能力能达到设计规定的 90％以上，带压釜需取得压力容器使用许可证。

② 机械传动无杂音，搅拌器与设备内加热蛇管、压料管内部件应无碰撞并按规定留有间隙，设备运转正常、无异常振动。

③ 减速机温度正常、轴承温度符合规定，润滑良好，油质符合规定，油位正常。

④ 主轴密封及减速机，管线、管件、阀门、人（手）孔、法兰等无泄漏。

（2）内部机件无损坏，质量符合要求

① 釜体，轴封、搅拌器、蛇管等机件材质选用符合图纸要求。

② 釜体，轴封、搅拌器、蛇管等机件安装配合，磨损、腐蚀极限符合检修规程的规定。

③ 釜内衬里不渗漏、不鼓包，蛇管装置紧固可靠。

（3）主体整洁，零附件齐全好用

① 主体及附件整洁，基础坚固，保温涂料完整美观。

② 减压阀、安全阀、疏水器、控制阀、自控仪表、通风、防爆、安全防护等设施齐全、灵敏好用，并应定期检查校验。

③ 管件、管线、阀门、支架等安装合理，所有螺栓均应满扣、齐整、紧固。

2. 釜式反应器的维护要点

① 反应釜在运行中，严格执行操作规程，禁止超温、超压。

② 按工艺指标控制夹套（或蛇管）及反应器的温度。

③ 避免温差应力与内压应力叠加，防止反应釜产生应变。

④ 要严格控制配料比，防止剧烈反应。

⑤ 要注意反应釜有无异常振动和声响，如发现故障，应检查修理并及时消除。

3. 搪玻璃反应釜在正常使用中的注意要点

① 加料要严防金属硬物掉入设备内，运转时要防止设备振动，检修时按化工厂搪玻璃反应釜维护检修规程（HGJ 1008—79）执行。

② 尽量避免冷罐加热料和热罐加冷料，严防温度骤冷骤热。搪玻璃耐温剧变应小于 120℃。

③ 尽量避免酸碱介质交替使用，否则将会使搪玻璃表面因腐蚀而失去光泽。

④ 严防夹套内进入酸液（如果清洗夹套一定要用酸液时，不能用 pH＜2 的酸液），酸液进入夹套会产生析氢效应，引起搪玻璃表面像鱼鳞一样的大面积脱落。一般清洗夹套可用 2％的次氯酸钠溶液，最后用水清洗夹套。

⑤ 出料釜底堵塞时，可用非金属棒轻轻疏通，禁止用金属工具铲打。对黏在罐内表面上的反应物要及时清洗，不宜用金属工具，以防损坏搪玻璃衬里。

任务评价

（1）填空题

① 釜式反应器混合效果取决于_____类型和转速。

② 螺旋桨式叶轮能使反应物料在釜内做上下方向流动与混合，_____力不大。

③ 搪瓷釜中常用搪瓷_____搅拌器。

④ 对于吸热反应，需要提供热量、_____温启动化学反应，并维持一定温度。

⑤ 对于放热反应，反应开始后需要_____热量维持一定温度。

⑥ 连续操作中，为了确保平均停留时间足够，若进、出连续釜的物料流量提高，则连续反应釜的体积必须做得更_____。

⑦ 反应釜在运行中，严格执行操作规程，禁止超_____、超压。

⑧ 避免温差应力与内压应力叠加，防止反应釜产生_____。

⑨ 严格控制_____比，防止剧烈反应。

（2）选择题

① 不属于釜式反应器优点的是_____。

A. 适用范围广　　　B. 操作弹性大　　　C. 生产能力大　　　D. 装置调整灵活

② 不属于间歇釜式反应器缺点的是_____。

A. 存在返混　　　　　　　　　　B. 生产效率低

C. 劳动强度高　　　　　　　　　D. 不同批次产品之间质量存在差异

③ 与其他连续反应设备比较，连续釜式反应器突出的优点是_____。

A. 温度、浓度易控制　　　　　　B. 装置尺寸易于放大

C. 生产能力大　　　　　　　　　D. 省去进料、出料作业

④ 不能体现反应釜运行正常、效果良好的是_____。

A. 设备生产能力能达到设计规定的90%以上，带压釜取得压力容器使用许可证

B. 机械传动无杂音、无异常振动

C. 主轴密封及减速机，管线、管件、阀门、人（手）孔、法兰等无泄漏

D. 减速机温度高、轴承温度高，减速机、轴承、密封装置均无润滑油

（3）判断题

① 搪玻璃反应釜尽量避免冷罐加热料和热罐加冷料，防温度骤冷骤热。（　　　）

② 搪玻璃反应釜允许酸碱介质交替使用。（　　　）

③ 搪玻璃反应釜的夹套内进入酸液会产生析氢效应，引起搪玻璃表面像鱼鳞一样的大面积脱落。（　　　）

④ 搪玻璃反应釜底堵塞时，可用金属工具铲打。（　　　）

课外训练

实验室用500mL烧杯，盛300mL的水、加50mL的食用油，分别安装平直桨式和螺旋桨式搅拌器（调整搅拌器安装高度，两者高度相近），用搅拌机控制一定转速进行搅拌5min。观察搅拌中液-液两相流动情况，比较混合效果，记录并描述观察情况与混合效果。

单元二　进行釜式反应器装置的实操训练

任务目标

- 能做好釜式反应器装置开车前准备
- 能按规范进行釜式反应器装置开车、正常运行操作，并按质按量得到蒸馏产品

• 能按规范进行釜式反应器装置正常停车操作

一、釜式反应器装置开车前准备

1. 认识釜式反应器装置的工艺流程

釜式反应器装置带控制点的工艺流程如图 2-35 所示。该装置包括 1 个间歇反应釜、1 套液体物料加料系统（2 个原料罐、2 台原料泵）、1 套搅拌装置（电机、减速机、搅拌轴、搅拌器、轴封）、1 套加热/冷却系统（夹套热水/冷水传热、釜内电加热、1 个带电加热的热水槽，1 个冷水槽，1 个传热介质循环泵），1 套回流冷凝/出料系统（1 个冷凝器、1 个冷凝液槽、1 个产品槽），1 套真空系统（1 台旋片真空泵、1 个缓冲器），1 套反应物料后处理系统（1 个中和釜、1 个中和原料罐）。

其流程：原料通过泵送或真空抽送加入反应釜，通过搅拌和控制一定温度进行化学反应，其中可以配合回流，反应至终点。釜中易挥发组分通过蒸馏/真空蒸馏从"回流冷凝/出料系统"出去，其中可按馏程收集多种馏出物；釜中残留物料用钢瓶氮气从压料管压出，或通过底阀从釜底放出反应物料进入后处理系统，在后处理系统进行后处理，如中和反应。

2. 认识釜式反应器装置的仪表、控制面板及控制方式

（1）仪表　温度就地指示用双金属温度计，远传用热电阻和 C3000 显示调节仪；压力就地显示用弹簧管压力表，远传用压力传感器和 C3000 显示调节仪；液位就地指示用玻璃管液位计，远传用翻板远传液位计和 C3000 显示调节仪；流量用转子流量计；搅拌转速用霍尔转速传感器和 C3000 显示调节仪。C3000 显示调节仪最多可显示 8 个模拟量参数，进行 4 路 PID 控制，输出 12 个开关量或报警信号。

（2）控制面板　仪表控制屏的面板如图 2-36 所示。其中主要仪表、电气设备包括：总电源开关、仪表电源开关、报警器开关，2 个 C3000 显示调节仪面板，1 个电脑显示屏，4 块电压表（热水槽加热 3 块表、釜内加热 1 块表），2 块电流表（热水槽加热和釜内加热各 1 块表），9 个工艺设备电源开关［原料泵 a、原料泵 b、循环泵、真空泵、电磁阀、反应釜搅拌、中和釜搅拌、热水槽加热、釜内加热（反应釜实验）各 1 个］。

（3）控制方式　该装置提供两种控制选择。一种为常规仪表控制方式，另一种为 DCS 控制方式。常规仪表控制方式，采用 C3000 显示调节仪控制；DCS 控制方式，采用 DCS 系统实时监控的流程图画面进行控制；两者只能二选一。在 9 个工艺设备电源开关中，原料泵 a、原料泵 b、真空泵、电磁阀等电源开关旋转即能使设备启/停或上电/失电（受 C3000 显示调节仪控制的电磁阀除外），而循环泵、反应釜搅拌、中和釜搅拌、热水槽加热、釜内加热、电磁阀等 6 个电源开关旋转，还需要配合 C3000 显示调节仪或 DCS 系统实时监控的流程图画面调节才能使设备启/停、开加热/关加热、上电/失电。

3. 认识釜式反应器装置的控制方案

（1）热水槽温度控制　采用 PID 控制，调（电）压模块为执行器。

（2）釜温控制　釜内电加热采用 PID 控制，电压模块为执行器。传热介质选择通过釜温设置上、下限报警实现。当上限（95℃）报警时，冷水槽底电磁阀（常闭）开，选冷水为传热介质［热水槽底电磁阀（常闭）关］；当下限（80℃）报警时，热水槽底电磁阀开，选热水为传热介质（冷水槽底电磁阀关）。

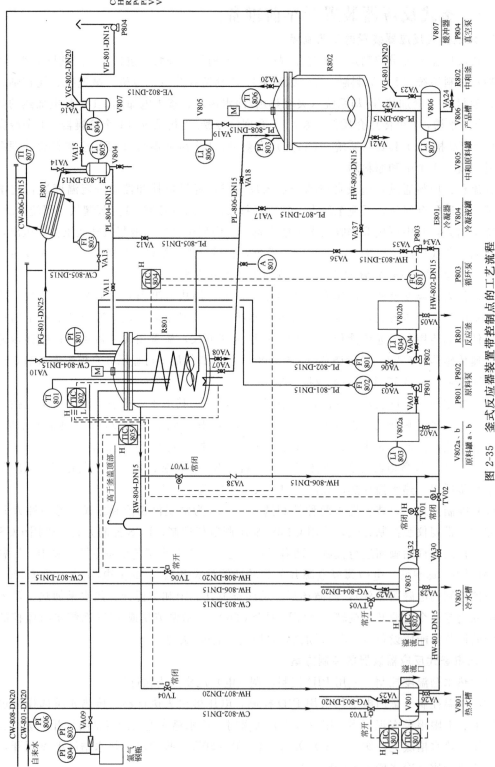

图 2-35　釜式反应器装置带控制点的工艺流程

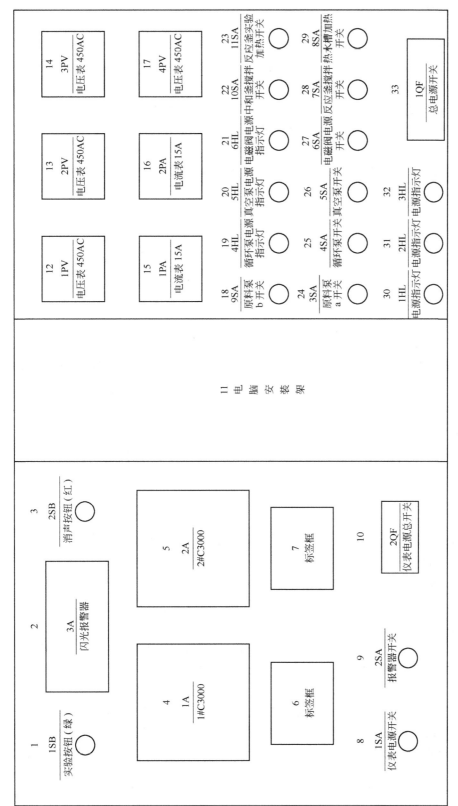

图 2-36　仪表控制屏的面板

（3）夹套温度控制　采用 PID 控制，变频器为执行器，变频器改变泵流量。该温度设置上限报警，当上限报警时循环水电磁阀（常闭）开，选循环水为传热介质。

（4）夹套出口温度控制（循环水去向控制）　传热介质夹套出口温度通过设置上限（30℃）报警实现。当夹套出口温度达到上限报警时，冷水槽上循环水电磁阀（常开）关、热水槽上循环水电磁阀（常闭）开，循环水进入热水槽，否则循环水进入冷水槽。

（5）搅拌速度控制　采用 PID 控制，变频器为执行器，变频器改变电机的转速。

（6）热水槽、冷水槽液位控制　采用设置上限报警来实现。当上限报警（180mm），进水电磁阀关，进水停止（热水槽、冷水槽的进水电磁阀为常开），否则热水槽、冷水槽进水。另外，热水槽液位设置下限报警（100mm），该报警输出不作用于电磁阀而作用于闪光报警。

4. 做好釜式反应器装置开车前的准备工作

（1）原料　间歇反应用水进行模拟，准备蒸馏水 34～36L，一半装入原料罐 a 中，另一半装入原料罐 b 中，原料罐 a 中加入 93％～95％乙醇（可用精馏实训产品）1.5L。蒸馏/真空蒸馏采用 4％～5％（体积分数）乙醇溶液进行模拟。釜中残液的后处理用稀硫酸溶液进行模拟（用碳酸钠溶液进行中和），准备浓硫酸 50mL，准备无水碳酸钠 100g（加水配成5％左右的溶液 2L）。

（2）检查　由相关操作人员组成装置检查小组，对本装置所有设备、管道、阀门、仪表、电气、保温等按工艺流程图和专业技术要求进行检查。除全部放空阀打开外，其余阀门全部关闭（包括转子流量计上阀门）。

（3）试水　向釜内蛇管通自来水，检查冷却水是否正常。

（4）试电　确保控制柜上所有开关均处于关闭状态，检查外部供电系统是否正常。开装置进电总电源开关，开控制屏上总电源开关。开装置仪表电源总开关，开仪表电源开关，查看所有仪表是否上电、指示是否正常。开报警器开关，按实验按钮检查报警器是否正常。

（5）打开电脑，打开 DCS 系统实时监控软件，进入流程图控制画面。

二、釜式反应器装置开车、正常运行及按质按量得到蒸馏产品

1. 间歇反应过程开车、正常运行

（1）间歇反应过程开车操作规程

① 给热水槽、冷水槽加水。开电磁阀电源开关，开自来水阀门，给热水槽、冷水槽加入自来水，液位在仪表电源和电磁阀电源开后会自动控制不超过上限。

② 给热水槽加热。开热水槽加热开关，在 DCS 系统流程图画面热水槽温度参数下调节热水槽加热电压（手动，MV50％～70％），使热水槽温度至 80～90℃，之后可以置自动控制。

③ 给反应釜进行氮气（或二氧化碳）置换。检查减压阀与钢瓶连接、减压阀气体出口与反应釜进气口用管相连；反应釜出口必须有一路通大气（其管路上阀门打开），其他进出口阀门关闭。检查减压阀应关闭；逆时针旋转（打开）钢瓶开关，使高压表压力至 10～12MPa；顺时针缓慢旋转低压表压力调节螺杆，使压力至 0.08～0.09MPa，过高会造成进料计量转子流量计爆炸；向反应釜中通气 5min，之后关钢瓶开关，再关低压表调节螺杆；关反应釜气路出口上阀门，而冷凝液罐上放空阀微开。

④ 用泵给反应釜加入两种原料。开原料罐 a 出口阀，开原料泵 a 电源开关、启动原料泵 P801，开原料泵 P801 出口阀，调节转子流量计以 100L/h 的流量向反应釜内加入原料 a，加料 10～11min（原料罐 a 中物料接近排尽），关原料泵 a 的电源开关、停原料泵 P801，关该泵前后两阀；开原料罐 b 出口阀，开原料泵 b 电源开关、启动原料泵 P802，开原料泵 P802 出口阀，调节转子流量计以 100L/h 的流量向反应釜内加入原料 b，加料 10min（原料罐 b 中物料接近排尽），关原料泵 b 的电源开关、停原料泵 P802，关该泵前后两阀。

⑤ 给反应釜中原料进行搅拌。开反应釜搅拌电源开关、启动反应釜搅拌电机，在 DCS 系统流程图画面反应釜转速参数下调节转速（手动调 MV 值）至 100r/min。开始每 5min 记录一次工艺参数。

⑥ 用夹套热水给反应釜加热。开热水槽、冷水槽底部出水阀，由于开车时釜温低、会下限报警，因而热水槽底部电磁阀会开，开循环泵电源开关、启动循环泵，开循环泵出口阀 VA35 和反应釜循环水进口阀 VA36，在 DCS 流程图画面夹套温度下调循环泵电机频率（手动，MV 50%～80%，变频器频率决定热水流量，釜温上升。冷凝液罐放空阀半开以排气。

⑦ 进行回流操作。釜温上升到 40℃后，开冷凝器冷却水开关、给冷凝器通冷却水，流量 200～250L/h；开冷凝液罐下回流阀、反应中产生的蒸汽冷凝成冷凝液，再回流。

⑧ 维持反应进行并模拟放热。釜温上升到 60℃后，开"反应釜实验加热开关"，启动釜内电加热，在 DCS 流程图画面釜温参数下（手动调 MV 值）使釜温继续上升，模拟反应放热。

⑨ 反应过程中自动更换传热介质。当夹套温度至 75℃左右时，通过上限报警开传热介质循环电磁阀，传热介质会由热水逐步变为夹套出来的循环水（这时热水槽底部电磁阀还没有关）；当釜温达到 80℃时，下限报警消失、热水槽底部电磁阀关，传热介质变为全部循环水；由于反应放热（实为釜内电加热），因而釜温继续上升，当达到报警上限（95℃）时，冷水槽底部电磁阀开，传热介质中增加冷水槽冷水，釜温和夹套温度都会降低，若夹套温度低于 75℃，则全部变为冷水槽冷水，但当釜温低于 80℃则改为供热水槽热水。

⑩ 继续用热水加热反应釜，使釜温上升到 80℃。之后，进入间歇反应的正常运行。

（2）间歇反应过程正常运行中操作规程

① 维持搅拌并控制釜温恒定。维持搅拌，在 DCS 系统流程图画面釜温参数下手动调节釜温至 82℃，让反应温度恒定在 82℃（±1℃范围至少维持 5min 认为恒定）。观察冷凝器冷却水出口温度，若温度高，则通过转子流量计调大冷却水流量。

② 观察反应温度（釜温）和反应压力（釜压）。若反应温度、反应压力急剧上升，则检查冷凝器的冷却水阀是否正常、通入冷却水压力（流量）是否波动，并向蛇管中通冷却水，全开冷凝液罐的放空阀。

③ 判断反应终点。维持搅拌、反应温度（釜温）在 82℃恒定 20min 后，通过反应釜底部取样阀取样，测定物料的酒精度。之后每隔 5min 取样测定一次，若两次测定值相近（同温度下示值差小于 0.5%），则认为反应达到终点。

间歇反应过程中，反应釜中留有较大的气相空间，当釜温在 40℃以上，开始有大量乙醇蒸气挥发，由于蒸气量大，应当注意防火、防爆、防静电！

完成间歇反应过程后，可做蒸馏/真空蒸馏及后处理过程，也可直接进行装置正常停车。

2. 蒸馏/真空蒸馏过程的开车、正常运行

① 对反应产物进行蒸馏。在反应达到终点后，关闭冷凝液罐下的回流阀，让冷凝液收集在冷凝液罐中。维持釜压一定情况下，逐步提高釜内温度至 90℃，当冷凝液罐中液位增长缓慢时，放出冷凝液罐中蒸馏冷凝液（Ⅰ），关闭冷凝液罐底部放料阀。

② 停釜内电加热。在 DCS 系统流程图画面釜温参数下手动调节 MV 值至 0%，关"反应釜实验加热开关"停止釜内电加热。

③ 停止夹套热水加热，用蛇管冷水冷却。在 DCS 系统流程图画面夹套温度参数下使手动 MV 值至 0%、关循环泵电源开关（停泵）。蛇管通冷水对釜内物料冷却，釜温至 60℃ 停水。

④ 对反应产物进行真空蒸馏。按规范开启真空系统（关缓冲器放空阀、开真空泵），按规范启动循环泵，泵出口温度设置为 90℃、用热水通过夹套对釜内物料加热。打开真空系统气路阀 VA15，对反应釜抽真空，通过真空系统气路阀调节釜内真空度 80kPa 左右，计时。在加热和真空下，对釜内反应产物进行真空蒸馏，冷凝液收集于冷凝液罐。20min 后停止抽真空（关真空系统气路阀 VA15）、开冷凝罐放空阀。按规范停真空泵（关真空泵、开缓冲器放空阀），停循环泵，关冷凝器冷水。放出冷凝液罐中真空蒸馏冷凝液（Ⅱ）。

⑤ 放出部分反应釜中残液。通过釜底防料阀、釜底取样口放出 15～18L 反应釜残液（Ⅲ），供下次使用。

蒸馏/真空蒸馏过程中，应当注意防火、防爆、防静电！

3. 后处理过程的开车、正常运行

间歇反应过程结束或蒸馏/真空蒸馏结束，可以进行后处理过程。

① 停止反应釜内加热和夹套换热。若间歇反应过程结束直接进入后处理过程，则放料前停止反应釜内加热、停止夹套水换热（停止循环泵），关泵出口管路上阀门。若蒸馏/真空蒸馏结束进入后处理过程，则放料前应停止真空系统、停止反应釜的夹套水换热（停止循环泵），关泵出口管路上阀门。

② 将反应釜中残液放入中和釜。开中和釜放空管路上阀门（开中和釜与缓冲器之间阀门、开缓冲器放空阀），开反应釜与中和釜之间阀门，在反应釜搅拌下将反应釜中残液放入中和釜。停止反应釜的搅拌（先在 DCS 系统流程图画面反应釜搅拌速率参数下手动调节使 MV 值为 0，再关反应釜搅拌电源开关）。

③ 开启中和釜搅拌。开启中和釜搅拌电源开关，再在 DCS 系统流程图画面中和釜搅拌速率参数下手动调 MV 值，使搅拌速率为 100r/min。开始每 5min 记录一次工艺参数。

④ 在中和釜中加入 50mL 浓硫酸。将准备好的 50mL 浓硫酸加入中和原料罐，打开中和釜放料阀，将 50mL 浓硫酸放入中和釜中。用 2L 自来水冲洗中和原料罐，并放入中和釜中，关闭中和原料罐放料阀。

⑤ 启动循环泵，用加热水套加热中和釜至 60℃ 后停止循环泵。开启热水槽底出水阀，启动循环泵，在 DCS 系统流程图画面反应釜夹套温度参数下手动调节循环泵电机频率，使 MV 值为 50%，开循环泵出口阀 VA35、中和釜进口阀 VA37，热水进入中和釜夹套并回冷水槽。中和釜温度至 60℃ 停止加热，关循环泵出口阀 VA35、中和釜进口阀 VA37，在 DCS 系统流程图画面反应釜夹套温度参数下手动调节循环泵电机频率，使 MV 值为 0，关循环泵电源开关。

⑥ 在中和原料罐中加入 2L 5%的碳酸钠溶液。

⑦ 进行中和反应。在中和釜搅拌下，微开中和原料罐放料阀，碳酸钠溶液缓慢加入中和釜。每隔 5min 进行一次取样，即关闭中和原料罐放料阀，微开中和釜底部放料阀将少许物料放入产品槽，再将产品槽中物料全部放出，用 pH 试纸或 pH 酸度计测定其 pH。pH 至 7±1 认为中和反应达到终点。

⑧ 中和反应结束后，关闭中和釜搅拌电机并放料。按规范关中和釜搅拌电机，开产品罐进口阀，将中和后产物放入产品槽，取出 100～200mL 产品槽中和液（Ⅳ），其余排放地沟。多余的碳酸钠溶液先放入中和釜，再放入产品，收集量体积，然后排放地沟。

⑨ 清洗中和原料罐、中和釜和产品槽。在中和原料罐中通入 20L 自来水，将中和原料罐自来水放入中和釜再排入产品罐，然后排放地沟。

后处理过程（中和）中，应当防止硫酸和碳酸钠溶液的腐蚀！中和反应产生二氧化碳，放空管路没有通或碳酸钠溶液加料过快会造成中和釜超压（不能高于 0.05MPa）！

三、釜式反应器装置正常停车

1. 间歇反应装置正常停车操作规程

① 停止热水槽的电加热。在间歇反应过程结束，或在间歇反应过程、蒸馏/真空蒸馏过程结束，或在间歇反应过程、蒸馏/真空蒸馏过程、后处理过程结束之后进行。操作方法是在 DCS 系统流程图画面热水槽温度参数下手动调节 MV 值至 0%，关热水槽加热电源开关。

② 停止反应釜内电加热。反应釜内电加热应该在间歇反应过程终点之后反应釜排料前停止，或蒸馏之后真空蒸馏之前就应停止反应釜内电加热。操作方法是在 DCS 系统流程图画面釜温参数下手动调节 MV 值至 0%，关"反应釜实验加热开关"停止釜内电加热。

③ 停止反应釜夹套加热。在间歇反应过程结束之后，或在间歇反应过程、蒸馏/真空蒸馏过程结束之后，或在蒸馏/真空蒸馏过程之后以及后处理过程之前进行。操作方法是在 DCS 系统流程图画面夹套温度参数下手动调节 MV 值至 0%，关闭循环泵电源开关和泵出口阀。

④ 停止中和釜夹套加热。在后处理过程中温度达到 60℃之后进行。操作方法是在 DCS 系统流程图画面反应釜夹套温度参数下手动调节 MV 值至 0%，关循环泵电源开关和泵出口阀。

⑤ 停止冷凝器冷却水。在蒸馏/真空蒸馏过程完成后就应该停止冷凝器冷却水。操作方法是关冷却水进水阀。

⑥ 停止真空系统。在真空蒸馏过程完成时就应该停止真空系统。操作方法是关真空泵电源开关，开缓冲罐放空阀。

⑦ 停止反应釜搅拌、中和釜搅拌。停止反应釜搅拌是在间歇反应达到终点并放出釜中物料后进行，操作方法是在 DCS 系统流程图画面反应釜搅拌参数下手动调节 MV 值至 0%，关闭反应釜搅拌电源开关。停止中和釜搅拌是在中和反应达到终点并放出釜中物料后进行，操作方法是在 DCS 系统流程图画面中和釜搅拌参数下手动调节 MV 值至 0%，关闭中和釜搅拌电源开关。

⑧ 除全部放空阀打开外，关闭所有阀门和进水阀。

⑨ 退出 DCS 实时监控软件，关电脑，关闭控制屏上其他电源开关，关闭总电源开关。

2. 间歇反应产物的产量与质量

间歇反应的产品有四种，蒸馏冷凝液（Ⅰ）、真空蒸馏冷凝液（Ⅱ）、反应釜残液（Ⅲ），以及中和液（Ⅳ）。量取蒸馏冷凝液（Ⅰ）、真空蒸馏冷凝液（Ⅱ）、反应釜残液（Ⅲ）体积。测定蒸馏冷凝液（Ⅰ）、真空蒸馏冷凝液（Ⅱ）、反应釜残液（Ⅲ）20℃时的酒精度，测定中和液（Ⅳ）的 pH。

【任务评价】

检查工艺卡片上数据记录或工艺参数。

【工艺卡片】

反应设备 工艺卡片	训练班级	训练场地	学时	指导教师
			4	
训练任务	进行间歇反应的实操训练（水、93％～95％乙醇溶液 1.5L、浓硫酸 50mL、无水碳酸钠 100g）			
训练内容	做好釜式反应器装置开车前准备；按规范进行间歇反应操作，并按质按量得到蒸馏产品；按规范进行釜式反应器装置正常停车操作			
设备与工具	釜式反应器装置，酒精计，pH 试纸和 pH 酸度计			

序号	工序	操作步骤	要点提示	数据记录或工艺参数
第一阶段：釜式反应器装置开车前准备				
1	认识釜式反应器装置的工艺流程	①对照工艺流程图，识读釜式反应器装置的工艺流程。②辨析装置中设备、阀门	①寻找管路。②寻找设备、阀门	
2	认识釜式反应器装置仪表、控制面板及控制方式	①认识和使用 C3000 显示调节仪。②认识仪表控制屏的面板。③确定控制方式：常规仪表控制/DCS 控制	对照 C3000 和仪表控制面板进行	
3	认识釜式反应器装置的控制	①认识热水槽温度控制（电加热，热水槽中要有足够水）。②认识釜温控制（电加热，反应釜中一定要有原料）。③认识夹套温度控制（循环泵电源的频率）。④认识搅拌速率控制，包括反应釜搅拌和中和釜搅拌	热水槽没有水，反应釜没有原料，不能开电加热电源开关。只领会，不操作	
4	做好釜式反应器装置开车前的准备工作	①原料罐 a、b 各装入 15～18L 蒸馏水，原料罐 a 中另加入 1.5L 93％～95％乙醇。准备无水碳酸钠 100g，加 2L 的水配成 5％左右溶液。②对本装置所有设备、管道、阀门、仪表、电气、保温等进行检查。除全部放空阀打开外，其余阀门全关闭。③试水、试电。④打开电脑，打开 DCS 实时监控软件，进入流程图画面	①准备浓硫酸 50mL。②检查依工艺流程图和专业技术要求	

序号	工序	操作步骤	要点提示	数据记录或工艺参数
第二阶段：间歇反应装置开车、正常运行、并按质按量得到蒸馏产品					

序号	工序	操作步骤	要点提示	数据记录或工艺参数
1	间歇反应过程开车、正常运行	(1)间歇反应过程开车操作 ①给热水槽、冷水槽加水。 ②给热水槽加热。 ③给反应釜进行氮气(或二氧化碳)置换。 ④用泵给反应釜加入两种原料。 ⑤给反应釜中原料进行搅拌。 ⑥用夹套热水给反应釜加热。 ⑦进行回流操作。 ⑧维持反应进行并模拟放热。 ⑨继续加热,使釜温上升到80℃ (2)间歇反应过程正常运行操作 ①维持搅拌、并控制釜温恒定。 ②观察反应温度(釜温)和釜压。 ③判断反应终点	①按操作规程。 ②不同的间歇反应,判断反应终点的方法不同	热水槽液位(mm)： 冷水槽液位(mm)： 热水槽加热电压(V)： 热水槽加热电流(A)： 氮气置换高压表(MPa)： 氮气置换低压表(MPa)： 氮气置换初/终时间： 置换后釜压(MPa)： 原料a酒精度(20%,体积分数)： 原料罐a初液位(mm)： 原料a加料流速(L/h)： 原料a加料时间(min)： 原料罐b初液位(mm)： 原料b加料流速(L/h)： 原料b加料时间(min)：

	工艺参数记录					
工艺参数记录	时间					
	搅拌速率/(r/min)					
	热水槽温度/℃					
	夹套温度/℃					
	夹套出口温度/℃					
	釜温/℃					
	釜压/kPa					
	冷凝器冷却水流量/(L/h)					
	冷凝器冷却水出口温度/℃					
	釜中物料酒精度(20℃,体积分数)/%					

序号	工序	操作步骤	要点提示	数据记录或工艺参数
2	蒸馏/真空蒸馏过程的开车、正常运行	①对反应产物进行蒸馏,收集蒸馏冷凝液(Ⅰ)。②停釜内电加热。③停止夹套热水加热,用蛇管冷水冷却。④对反应产物进行真空蒸馏,收集真空蒸馏冷凝液(Ⅱ)。⑤放出部分釜中残液,收集反应釜残液(Ⅲ)	按操作规程	蒸馏初/终时间： 蒸馏初/终釜温(℃)： 真空蒸馏____ 初/终时间： 初/终釜温(℃)： 初/终釜压(kPa)：

序号	工序	操作步骤	要点提示	数据记录或工艺参数
3	后处理过程的开车、正常运行	①停反应釜内加热和夹套换热。②反应釜中残液放入中和釜。③开启中和釜搅拌。④中和釜中加入50mL浓硫酸。⑤启动循环泵(夹套加热中和釜),热水加热至60℃停止循环泵。⑥中和原料罐中加入2L 5%碳酸钠溶液。⑦进行中和反应,pH至7±1达到反应终点。⑧中和反应结束后关闭中和釜搅拌电机并放料,收集100～200mL中和液(Ⅳ)。⑨清洗中和原料罐、中和釜和产品槽	按操作规程	中和原料罐中加入浓硫酸量(mL):_____ 中和原料罐中5%碳酸钠溶液 _____ 加入体积(mL):_____ 剩余体积(mL):_____ 计算用去体积(mL):_____

工艺参数记录	时间			
	中和釜搅拌速率/(r/min)			
	中和釜温度/℃			
	中和釜压力/kPa			
	pH			

第三阶段:釜式反应器装置正常停车

序号	工序	操作步骤	要点提示	数据记录或工艺参数
1	间歇反应装置正常停车操作	①停止热水槽的电加热。②停止反应釜内电加热。③停止反应釜夹套加热。④停止中和釜夹套加热。⑤停止冷凝器冷却水。⑥停止真空系统。⑦停止反应釜、中和釜搅拌。⑧除全部放空阀打开外,关所有阀门和进水。⑨退出DCS实时监控软件,关电脑,关闭控制屏上其他电源开关,关闭总电源开关	按操作规程	
2	称量间歇反应产物的产量与测定其质量	①量取蒸馏冷凝液(Ⅰ)、真空蒸馏冷凝液(Ⅱ)、反应釜残液(Ⅲ)的体积。②测定蒸馏冷凝液(Ⅰ)、真空蒸馏冷凝液(Ⅱ)、反应釜残液(Ⅲ)的酒精度(20℃),测定中和液(Ⅳ)的pH		①(Ⅰ)/(Ⅱ)/(Ⅲ)体积(mL):_____ ②(Ⅰ)/(Ⅱ)/(Ⅲ)酒精度(20℃,体积分数):_____ ③(Ⅳ)的pH:_____

课外训练

对照釜式反应器装置,画出工艺流程草图。

 单元三 进行间歇反应釜装置仿真操作

任务目标

• 能识读间歇反应釜装置(仿真)系统的工艺流程图

- 能进行间歇反应釜装置（仿真）系统冷态开车/热态开车
- 能进行间歇反应釜装置（仿真）系统的正常停车
- 能辨析间歇反应釜装置（仿真）系统运行中的事故并进行处理

一、认识间歇反应釜装置（仿真）系统的工艺流程

间歇反应釜装置（仿真）系统的工艺流程如图 2-37 所示。该装置包括 1 套加料系统（2 个计量罐——分别用于原料二硫化碳和邻硝基氯苯的计量，1 个沉淀罐——用于原料多硫化钠溶液的存放和沉淀，1 台加料泵——用于多硫化钠溶液的加料），1 个耐压不锈钢反应釜（配压料管、压料用蒸汽进口，放空阀 V12、安全阀或防爆膜 V21），1 套搅拌装置（电机，减速机，搅拌轴，搅拌器，轴封），1 套加热/冷却系统（夹套用蒸汽/冷却水，蛇管用冷却水/高压冷却水，均来自公用工程）。

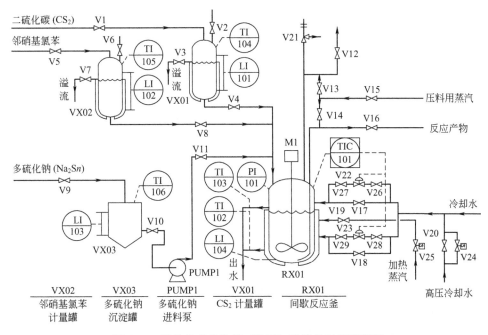

图 2-37　间歇反应釜装置（仿真）系统的工艺流程图

2 个计量罐和 1 个沉淀罐都设置温度、液位自动检测。反应釜的釜温 TIC101 自动控制，通过分程控制夹套冷却水和蛇管冷却水的流量实现；釜压 PI101、液位 LI104、夹套出水温度 TI102、蛇管出水温度 TI103，均设置自动检测；另外，4 个液位参数设置现场指示。

（1）反应任务　采用多硫化钠（Na_2S_n）、邻硝基氯苯（$C_6H_4ClNO_2$）及二硫化碳（CS_2）三种原料，通过间歇反应生产 2-巯基苯并噻唑（M）或 2-巯基苯并噻唑钠盐（M 钠盐），前者为橡胶制品硫化促进剂 DM（2,2′-二硫代二苯并噻唑）的中间产品，本身也是硫化促进剂。

（2）反应原料　三种。多硫化钠为晶体，使用时配成水溶液，但水溶液中可能会析出硫单质，故进入反应釜前需要沉淀；邻硝基氯苯常温下为固体，不溶于水，但熔点低（32.5℃），加热升温液化，故其计量罐需要用热水保温；二硫化碳常温下为液体，不溶于

水，可溶解硫单质，极度易燃，爆炸上限为 60%，爆炸下限为 1%，具有刺激性，沸点低（46.5℃），加热升温易汽化，造成反应过程中压力升高，其计量罐不耐压，需要用冷水冷却确保低温。

（3）反应原理　邻硝基氯苯（油相）与多硫化钠（水相）在搅拌下，用蒸汽预热到 60℃后发生反应，生成 2,2′-二硫代-1,1′-二硝基二苯（油相），2,2′-二硫代-1,1′-二硝基二苯，再与二硫化碳（油相）发生成环反应，形成 2-巯基苯并噻唑钠盐（水相）、硫单质等，并放出热量。化学反应方程式：

$$2 \,(\text{邻硝基氯苯}) + Na_2S_n \longrightarrow (\text{2,2'-二硫代-1,1'-二硝基二苯}) + 2NaCl + (n-2)S\downarrow$$

（邻硝基氯苯）（多硫化钠）　　　（2,2′-二硫代-1,1′-二硝基二苯）（氯化钠）（硫）

$$(\text{2,2'-二硫代-1,1'-二硝基二苯}) + 2CS_2 + 2H_2O + 3Na_2S_n \longrightarrow 2\,(\text{2-巯基苯并噻唑钠盐}) + 2H_2S\uparrow + 2Na_2S_2O_3 + (3n-4)S\downarrow + Q$$

（2,2′-二硫代-1,1′-二硝基二苯）（二硫化碳）（水）（多硫化钠）　（2-巯基苯并噻唑钠盐）（硫化氢）（硫代硫酸钠）（硫）（放热）

反应中伴随邻硝基氯苯还原反应，生成邻氯苯胺。副反应化学方程式：

$$(\text{邻硝基氯苯}) + Na_2S_n + H_2O \longrightarrow (\text{邻氯苯胺}) + Na_2S_2O_3 + (n-2)S\downarrow$$

（邻硝基氯苯）（多硫化钠）（水）　　（邻氯苯胺）（硫代硫酸钠）（硫）

由于反应放热，因而 60℃左右开始反应后应终止加热，70~80℃可微开冷却水以冷却反应釜，80℃以上应开大冷却水流量控制釜温。由于在主副反应竞争中，温度高有利于主反应，因而反应主要阶段釜温应高于 90℃；釜压主要由二硫化碳饱和蒸气压决定，当釜温 128℃时，釜压会高于 8atm，该压力是反应釜工作压力的上限，对应 128℃是釜温上限。反应中产生硫化氢气体，尽管溶于水相，但是也会适当增加釜压；另外，釜中水的汽化也增加釜压。

反应中产生的硫单质，其熔点为 112.8℃，溶于二硫化碳中；但在使用冷却水时，釜壁和蛇管壁温度若低于 60℃，硫单质易从二硫化碳中析出，黏附在釜壁和蛇管壁，造成传热效果降低，因而应控制夹套和冷却水出口温度不低于 60℃。到反应后期，二硫化碳存量减少，溶解硫单质的能力不足，这时控制反应温度在 113~120℃，既有利主反应又可使硫液化。另外，在蒸汽压料时，应使釜温在 113~120℃，这样硫全部液化，防止固体硫堵塞压料管。

（4）工艺流程　自备料工序中，二硫化碳、液化邻硝基氯苯、多硫化钠水溶液分别注入计量罐及沉淀罐中，经计量沉淀后利用位差或离心泵送入反应釜中（三种原料一次性进料）。釜温由夹套中蒸汽、冷却水及蛇管中冷却水控制，分程控制 TIC101（只控制冷却水），通过控制釜温来调节主副反应速率，获得较高收率及确保反应过程安全。反应初，开联锁、搅拌和加热；反应中开冷却水来控制釜温在 113~120℃，釜压低于 8atm。反应达到终点（邻硝基氯苯浓度小于 0.1mol/L），排放釜中可燃气，用压料蒸汽预热压料管，并趁釜温到 113℃以上，釜中通入压料用蒸汽，通过压料管压出反应产物，压料后对釜和压料管进行吹扫。

（5）联锁与保护　当釜压超过 8atm，处于事故状态，如联锁开关处于"on"的状态，联锁启动——开高压冷却水阀 V24，关搅拌器电机，关加热蒸汽阀 V25。当釜压超过 15atm（相当于温度大于 160℃），反应釜安全阀/防爆膜 V21 启用（打开/爆膜）。

二、间歇反应釜装置（仿真）系统的冷态开车/热态开车

1. 间歇反应釜装置（仿真）系统的冷态开车

冷态开车操作范围包括给计量罐及沉淀罐备料，再给反应釜进料，进行反应初始阶段、反应过程阶段、停搅拌与出料准备、出料等过程。

间歇反应釜装置（仿真）系统冷态开车中提供：【间歇反应釜DCS图】（如图2-38所示），【间歇反应釜现场图】（如图2-39所示），【反应釜组分分析】等三个画面。

开车前检查装置开工状态——各计量罐、反应釜、沉淀罐处于常温、常压状态，各种物料均已备好，大部阀门、机泵处于关停状态（除蒸汽联锁阀外）。

（1）备料过程

① 向沉淀罐VX03进料（Na_2S_n）。【间歇反应釜现场图】开阀门V9，开度约为50%，向罐VX03充液；VX03液位接近3.60m时，关小V9，至3.60m时关闭V9；静置4min（实际4h）备用。（尽量不超液位）

② 向计量罐VX01进料（CS_2）。【间歇反应釜现场图】开放空阀门V2；开溢流阀门V3；开进料阀V1，开度约为50%，向罐VX01充液，液位接近1.4m时，可关小V1；溢流标志变绿后，迅速关闭V1；待溢流标志再度变红后，可关闭溢流阀V3。（尽量少溢流）

③ 向计量罐VX02进料（邻硝基氯苯）。【间歇反应釜现场图】开放空阀门V6，开溢流阀门V7；开进料阀V5，开度约为50%，向罐VX01充液，液位接近1.2m时，可关小V2；溢流标志变绿后，迅速关闭V5；待溢流标志再度变红后，可关闭溢流阀V7。（尽量少溢流）

（2）反应釜进料

① 微开放空阀V12，准备进料。【间歇反应釜现场图】微开反应釜的放空阀V12。

② 从VX03中向反应器RX01中进料（Na_2S_n）。【间歇反应釜现场图】打开泵前阀V10，向进料泵PUM1中充液；打开进料泵PUM1；打开泵后阀V11，向RX01中进料；至液位小于0.1m时停止进料；关泵后阀V11；关泵PUM1；关泵前阀V10。

③ 从VX01中向反应器RX01中进料（CS_2）。【间歇反应釜现场图】检查放空阀V2开放；打开进料阀V4，向RX01中进料；待进料完毕后关闭V4。

④ 从VX02中向反应器RX01中进料（邻硝基氯苯）。【间歇反应釜现场图】检查放空阀V6开放；打开进料阀V8向RX01中进料；待进料完毕后关闭V8。

⑤ 进料完毕后关闭放空阀V12。【间歇反应釜现场图】关闭反应釜的放空阀V12。

（3）反应初始阶段

① 检查放空阀V12，进料阀V4、V8、V11是否关闭，打开联锁控制，启用安全阀。【间歇反应釜现场图】开启联锁（LOCK）控制，启用安全阀。

② 开启蛇管冷却水控制的前后两个阀门，开夹套冷却水控制的前后两个阀门。【间歇反应釜现场图】开阀门V26、V27；开阀门V28、V29。

③ 开启反应釜搅拌电机M1。【间歇反应釜现场图】启动反应釜搅拌电机M1。

④ 适当打开夹套蒸汽加热阀V19，观察反应釜内温度和压力上升情况，保持适当的升温速度。【间歇反应釜现场图】逐步开夹套蒸汽加热阀V19；釜温逐步提高，当升至60℃左右进入反应过程阶段。

（4）反应过程阶段

① 当温度升至60℃左右关闭V19，停止通蒸汽加热。【间歇反应釜现场图】关夹套蒸汽

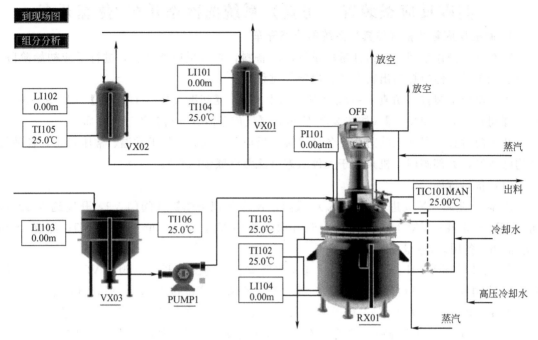

图 2-38　间歇反应釜 DCS 图

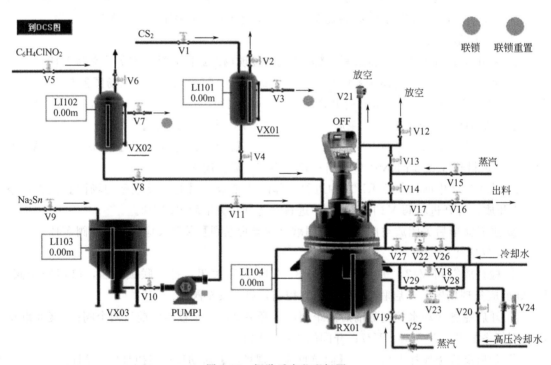

图 2-39　间歇反应釜现场图

加热阀 V19。

② 当温度升至 75℃以上，通夹套冷却水和蛇管冷却水，控制升温速度。【间歇反应釜 DCS 图】置 TIC101 为手动，分别微开（开度略大于 50%）冷却水阀 V22、V23。关注 TI102、TI103，确保冷却水出口温度不小于 60℃。

③ 反应维持在釜温 113～120℃、釜压不超过 8atm 下进行。当釜温升至 110℃以上时，反应剧烈，应小心加以控制，防止超温。当釜温升高速度很快或超过 120℃，【间歇反应釜 DCS 图】开大冷却水阀 V22、V23；当釜温难以控制时，【间歇反应釜现场图】打开高压水阀 V20，并可关闭搅拌器 M1 以使反应降速。

④ 当釜压高于 8atm（釜温大于 128℃），已处于事故状态，如联锁开关处于"on"的状态，联锁自动起动——开高压冷却水阀，关搅拌器，关加热蒸汽阀；当压力超过 12atm 时，【间歇反应釜现场图】微开放空阀 V12，以降低气压（但放空会使 CS_2 损失，污染大气）；当釜压超过 15atm（相当于釜温大于 160℃），反应釜安全阀/防爆膜 V21 起作用（打开/爆膜）。（该步尽量不发生）

⑤ 反应终点判断。在【反应釜组分分析】画面，若邻硝基氯苯浓度小于 0.1mol/L，则认为反应达到终点，这时 2-巯基苯并噻唑（或钠盐）浓度大于 0.1mol/L，另外在冷却水量很小的情况下釜温下降较快。

（5）停搅拌与出料准备

① 关闭搅拌器 M1。【间歇反应釜现场图】关闭反应釜搅拌电机 M1。

② 出料准备。【间歇反应釜现场图】开反应釜的放空阀 V12（时间至少 5s），排放可燃气，关放空阀 V12；开阀 V15、V13，通压料用增压蒸汽，使釜压高于 4atm；开阀 V14，通压料用蒸汽来预热压料管（时间至少 5s），关闭阀 V14。

（6）出料

① 开压料阀 V16，出料。【间歇反应釜现场图】趁釜温 113℃以上（所有固体硫被熔化），开压料阀 V16，LI104 液位降至 0，出料完毕。

② 出料完毕，蒸汽吹扫，之后关阀 V16。【间歇反应釜现场图】继续用蒸汽吹扫反应釜和压料管（时间至少 10s，但不超过 1min），之后关压料阀 V16。

2. 间歇反应釜装置（仿真）系统热态开车

热态开车是在反应釜已经进料的基础上进行间歇反应，并出料。操作范围包括进行反应初始阶段、反应过程阶段、停搅拌与出料准备、出料等过程。

操作方法同冷态开车。

三、间歇反应釜装置（仿真）系统正常停车

间歇反应釜装置（仿真）系统正常停车是在反应过程阶段完成之后进行的，操作范围包括出料准备、出料、关压料用蒸汽等过程。

（1）出料准备

① 关闭搅拌器 M1。【间歇反应釜现场图】关闭反应釜搅拌电机 M1。

② 出料准备。【间歇反应釜现场图】开反应釜的放空阀 V12（时间至少 5s）、排放可燃气，关放空阀 V12；开阀 V15、V13，通压料用增压蒸汽，使釜压高于 4atm；开阀 V14，通压料用蒸汽来预热压料管（时间至少 5s），关阀 V14。

（2）出料

① 开压料阀 V16，出料。【间歇反应釜现场图】趁釜温达到 113℃以上（所有固体硫被熔化），开启压料阀 V16，LI104 液位降至 0，出料完毕。

② 出料完毕，蒸汽吹扫，之后关 V16。【间歇反应釜现场图】继续用蒸汽吹扫反应釜和压料管（时间至少 10s，但不超过 1min），之后关闭压料阀 V16。

（3）关压料用蒸汽

【间歇反应釜现场图】关压料用蒸汽管路阀门 V15、V13。

四、间歇反应釜装置（仿真）系统运行中事故并进行处理

间歇反应釜装置（仿真）系统运行中事故及处理步骤，如表 2-3 所示。

表 2-3　间歇反应釜装置（仿真）系统运行中事故及处理步骤

事故名称	产生原因	现　象	处理步骤
超温（压）事故	反应釜超温（超压）	温度大于 128℃（釜压大于 8atm）	①开大冷却水，打开高压冷却水阀 V20。②关搅拌器 M1，使反应速率下降。③如果釜压超过 12atm，打开放空阀 V12
搅拌器 M1 停转	搅拌器坏	反应速率逐渐下降为低值，产物浓度变化缓慢	停止操作，出料维修
蛇管冷却水阀 V22 卡	蛇管冷却水阀 V22 卡	开大冷却水阀对调节釜温无作用，且蛇管出口温度稳步上升	开蛇管冷却水旁路阀 V17 调节
出料管堵塞	压料管硫黄结晶，堵住压料管	压料时，釜压较高，但釜内液位下降很慢	开出压料蒸汽阀 V14，蒸汽吹扫压料管 5min 以上（仿真中采用）。拆下压料管用高温介质加热使硫黄熔化，或更换管段及阀门
测温电阻连线故障	测温电阻连线断	温度显示置零	改用压力显示对反应进行调节（调节冷却水用量）——升温至釜压为 0.3～0.75atm 就停止加热；升温至釜压为 1.0～1.6atm 开始通冷却水；升温至釜压为 3.5～4atm 以上，反应进入剧烈阶段，釜压大于 8atm，相当于温度大于 128℃，处于故障状态，联锁启动，釜压大于 12atm，打开放空阀 V12；釜压大于 15atm，反应器安全阀启动（以上为表压）

任务评价

采用培训方式安排学生进行仿真训练。训练结果通过仿真软件的智能评分系统得到反映，学生将智能评分系统的结果填入工艺卡片。教师站的评分记录系统能集中评价所有学生的训练结果。

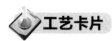 工艺卡片

反应设备工艺卡片	训练班级	训练场地	学时	指导教师
			4	
训练任务	进行间歇反应釜仿真操作			
训练内容	认识间歇反应釜装置（仿真）系统的工艺流程，进行间歇反应釜装置（仿真）系统的冷态开车，进行间歇反应釜装置系统运行中的事故处理（超温（压）事故、蛇管冷却水阀 V22 卡）			
设备与工具	化工单元仿真软件			

序号	工序	操作步骤	要点提示	数据记录或工艺参数
	第一阶段:釜式反应器装置开车前准备			
1	认识间歇反应釜装置(仿真)系统的工艺流程	①对照工艺流程图,识读间歇反应釜装置(仿真)系统的工艺流程。②辨析装置中设备、阀门、仪表、调节系统	①寻找管路。②寻找设备、阀门、仪表、调节系统	
2	冷态开车	①备料过程 ②反应釜进料 ③反应初始阶段 ④反应过程阶段 ⑤停搅拌与出料准备 ⑥出料	在仿真软件上进行	仿真成绩:
3	事故处理	超温(压)事故	在仿真软件上进行	仿真成绩:
		蛇管冷却水阀 V22 卡		仿真成绩:

课外训练

合成 2-巯基苯并噻唑的反应物系属于哪种形态？为什么搅拌对反应速率影响很大？

 拓展单元 槽式反应器的操作规程

任务目标

- 了解槽式反应器开车前的准备
- 掌握槽式反应器正常开车、正常停车
- 了解槽式反应器紧急停车

任务指导

槽式反应器的操作，以沉淀法白炭黑生产中沉淀反应工序为例进行说明。沉淀法白炭黑生产中沉淀反应工序，正是采用槽式反应器进行白炭黑的沉淀反应，并且为半连续操作。

一、沉淀法生产白炭黑的原理与方法

1. 生产原理

原料为水玻璃（模数 3.13～3.45）、硫酸、工艺软水，三种原料按比例通入槽式反应器中，在搅拌（低于 200r/min）和 90℃温度下，发生沉淀反应，生成水合硅酸沉淀。

$$Na_2O \cdot mSiO_2 + H_2SO_4 + (n-1)H_2O \longrightarrow Na_2SO_4 + mSiO_2 \cdot nH_2O \downarrow （其中 m 为模数）$$

（水玻璃） （硫酸） （水） （硫酸钠） （水合硅酸，脱部分结合水即为白炭黑）

反应完成液经压滤机过滤、洗涤、脱水，并通过打浆制得合格的白炭黑料浆后，送干燥塔内喷雾干燥，得到白炭黑产品。

沉淀二氧化硅的一次结构为硅酸缩合形成，由两元素构成，为无规则线性长分子，长分子骨架为 —Si—O—Si— ，长分子间排列较为疏松，多数为二维构型（平面），也存在一维构型（直线）和三维构型（螺旋管状）；但单个长分子不会孤立存在，长分子之间会通过相面接触进一步形成链枝结构的凝聚体，即沉淀二氧化硅的二次结构。生产过程中长分子相互碰撞时环境条件不同，沉淀二氧化硅的二次结构发展程度不同，但所有沉淀的二氧化硅，其宏观结构如炭黑，其粒子呈球形。

作为强调功能（橡胶补强剂）的化工产品，白炭黑的二次结构（凝聚体）最好为细粒子，在球形外观下其微观构型被希望呈疏松或开裂状（如很薄很薄的折扇），而不希望呈蜂巢状。蜂巢状的凝聚体存在很多毛细孔，会使白炭黑在橡胶制品生产的炼胶过程中很容易吸油（毛细现象所致），增大胶料黏度，造成炼胶加工困难。另外，蜂巢状凝聚体，其二次结构发展程度高、结构牢固，在炼胶过程中不易破碎。

体现白炭黑补强功能的性质主要有比表面积和吸油量（DBP/DOP 值）等物理性质，也包括亲水/疏水性等表面化学性质。白炭黑的比表面积大，反映粒子可能更细、舒展面（如折扇）或微孔（如蜂巢）更多，在功能上表现为物理吸附性能强，与橡胶中高分子的贴合面更大、分子间吸附力更强，有助提高硫化橡胶的抗拉、抗撕、耐磨性能。白炭黑的吸油量大，反映粒子微孔多。微孔多在吸附气体时是优点，但加到胶料中也可吸附油状物，属于缺点。而从表面化学性质看，白炭黑表面存在羟基（—OH），亲水性强，而使用中遇到的胶料为油性（疏水性），因而亲水性的白炭黑不太容易分散到橡胶中，这在橡胶加工中不受欢迎，而沉淀反应本身不能改变该性质，因而需要另外的改性工序来实现。

2. 生产方法

沉淀法白炭黑生产工艺过程中，核心工序是沉淀反应。反应过程的操作目标不是提高产品的收率，而是提高产品与补强功能有关的物理性能。质量好的沉淀二氧化硅，其 BET 测定法比表面积在 200m^2/g 左右（或更高），吸油量（DBP 值）为 2～3.5mL/g（或更低）。这两个物理性能通过控制沉淀反应中环境条件可以实现。

（1）原料纯度　水玻璃用高质量石英砂与质量合格的纯碱按模数 3.3～3.4 的配比、高温熔融下制造，固体水玻璃用软水溶解，硫酸使用 98% 的质量合格的工业硫酸。沉淀反应所用工艺水以及后续加工中过滤洗涤、打浆所用水，都需要软水。

（2）原料的浓度　在沉淀反应中需要稀硫酸，加入沉淀反应槽的硫酸可以用浓硫酸，不过需要同时加入工艺软水，浓硫酸与工艺软水的体积流量比为 1∶6，相当于加入沉淀反应槽中的硫酸为 23.4% 的稀硫酸。加入沉淀反应的水玻璃应该是用软水稀释并过滤过的溶液，浓度应该为 1.0mol/L（碱度，以 Na_2O 计）。

（3）反应温度　温度低，产品比表面积小，但吸油量低；温度升高，产品的比表面积升高（好的方面），但吸油量升高（不好的方面）。不过产品吸油量随温度升高存在峰值，80℃左右吸油量最大，80℃以后产品吸油量下降。根据这一规律可以让反应过程分段进行，先在 60℃左右反应，形成低吸油量的凝聚体种子，然后在 90℃左右反应，在低吸油量的凝聚体种子引导下形成更多低吸油量、高比表面积的凝聚体。温度太高，凝聚体结构不易稳定。

（4）加料方式　一般采用半连续操作，有两种加料方式。

第一种加料方式分两个阶段，第一阶段是先加底碱（水玻璃），加软水配成 0.02～0.05mol/L（碱度，以 Na_2O 计）的溶液，再将浓硫酸与水玻璃（Na_2O 1.0mol/L）按等摩尔流量连续加入沉淀反应槽中，同时工艺软水按浓硫酸 6 倍体积流量加入，搅拌加热反应，直到加料完毕；第二阶段，连续加入浓硫酸和工艺软水（按浓硫酸 6 倍体积流量加入），直到沉淀反应槽内物料 pH 为 3.5～5，终止加料，沉淀反应全部结束。之后陈化。

第二种加料方式分三个阶段，第一阶段先加底碱（水玻璃），加软水配成 0.1mol/L（碱度，以 Na_2O 计）的溶液，再连续加入浓硫酸和 6 倍体积流量的软水，于 60℃ 左右搅拌反应，到 pH 为 6.5～7 时终止加料，停搅拌、凝胶、陈化；第二阶段，浓硫酸与水玻璃按接近（1.00∶1.07）摩尔流量之比加入沉淀反应槽中，同时工艺软水按浓硫酸 6 倍体积流量加入，搅拌加热反应，微调水玻璃流量，维持沉淀反应槽内物料 pH 为 8～9，直到水玻璃加料完毕；第三阶段，连续加入浓硫酸和工艺软水（按浓硫酸 6 倍体积流量加入），直到沉淀反应槽内物料 pH 为 3.5～5，终止加料，沉淀反应全部结束。之后陈化。

（5）加料速率（反应时间）　加料速率与反应时间有关。当沉淀反应槽体积一定时，加料越快，平均反应时间越短。而随着平均反应时间的增加，产品比表面积呈下降趋势，吸油量呈增大趋势，因而在完成化学反应的情况下，反应时间越短越好（第一阶段反应时间 10～25min，第二阶段反应时间 40～90min，第三阶段反应时间 25～35min），可防止二次结构继续发展。在加料速率中，关键参数是浓硫酸的流量，而工艺软水流量、水玻璃流量属于跟从参数。

（6）pH　pH 太高，不会析出水合硅酸，也不可能形成凝聚体；pH 太低，不仅生成水合硅酸，而且进一步凝聚成胶体（硅胶）或形成吸油量大的凝聚体。因而在第一阶段，pH 控制在 6.5～7（中性），在低温下形成疏松结构的凝聚体，并通过较低 pH、增加凝胶陈化过程来固定该结构，该结构在 pH 适当时，提高下不易被破坏；第二阶段，pH 控制在 8～9（弱碱性），水合硅酸能析出，同时在种子的引导下形成疏松结构的凝聚体，在高温下该凝聚体不易长大；在第三阶段，pH 控制在 3.5～5（偏酸性），使全部水玻璃以水合硅酸析出、凝聚，并配合剪切力小的搅拌（搅拌是为防沉降和碰撞，但不能破坏已形成疏松结构的凝聚体结构），让凝聚体结构加固和定形。

（7）搅拌条件　反应体系为液-固悬浮体系，为防止已形成疏松结构的凝聚体结构被破坏，搅拌剪切力要小，可用推进式桨叶，由于沉淀反应槽体积大，用 2～3 层桨叶。搅拌转速与产品结构有很大关系，转速低搅拌不均匀，酸性偏强区域易形成凝胶，转速低会出现凝聚体沉降、碰撞与结合，易向蜂巢状结构发展。搅拌转速过快，易将加料区域已形成疏松结构的凝聚体结构破坏，并且这种破坏是不可逆的，破坏后最终形成蜂巢状结构就非常容易。转速在 150～200r/min 较好。

3. 沉淀法白炭黑生产工艺流程简述

工艺水经过滤器过滤、去除机械杂质，滤液进入离子交换器，去除 Ca^{2+}、Mg^{2+} 进入热水罐，用蒸汽加热到 60℃ 备用。

固体水玻璃在水玻璃配置槽中，加入适量的工艺软水，在升温、加压下溶解，经压滤机过滤除去沉淀物，用中间泵打到水玻璃贮槽，用热工艺软水进行稀释，达到 1.0mol/L（以 Na_2O 计）浓度，然后用输送泵送到水玻璃高位槽。

水玻璃从水玻璃高位槽中按计量连续送入沉淀反应槽，浓硫酸用硫酸计量泵连续送入沉淀反应槽，工艺软水按计量连续加入沉淀反应槽，沉淀反应槽用蒸汽直接加热，并控制温度在 90℃、搅拌转速 150～200r/min、pH 为 8～9 下进行沉淀反应。在水玻璃规定用量加入完毕后，继续连续加入浓硫酸和工艺软水，pH 3.5～5 为终点。之后，用泵将沉淀反应槽中反应完成液送到料浆槽，在料浆槽中搅拌、冷却到 40℃ 以下。冷却后料浆进入压滤机过滤，并用软水洗涤，母液排掉，滤饼经皮带输送机送入打浆机内进行打浆（三级液化）。

打好的料浆经螺杆泵送入喷干料浆槽，再用螺杆泵送至干燥塔内干燥。干燥后的物料通过风管、袋滤器，成品进入料仓。

4. 沉淀反应工序的流程及主要设备

（1）沉淀反应工序的流程　沉淀反应工序带控制点的工艺流程，如图 2-40 所示。

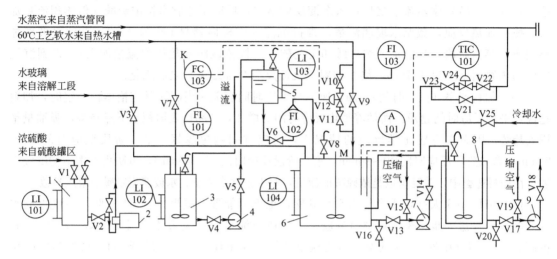

图 2-40　白炭黑沉淀反应工序带控制点的工艺流程图

1—硫酸贮槽；2—硫酸计量泵；3—水玻璃贮槽；4—水玻璃输送泵；5—水玻璃
高位槽；6—沉淀反应槽；7—反应完成液输送泵；8—料浆槽；9—料浆泵

（2）主要设备

① 沉淀反应槽。属于槽式反应器，不锈钢制造；40m³；带 3 个加料口，分别接浓硫酸、工艺软水、水玻璃溶液的进料管；1 个出料口（靠近底部），为防止出料被料浆堵塞，配压缩空气进气管；水蒸气直接加热，沉淀反应槽的温度通过水蒸气流量控制；配搅拌装置，采用 2～3 层推进式桨叶，转速可控。

② 进料系统设备。浓硫酸用量不大，一次反应过程中需要体积不超过 1m³，配 1 个浓硫酸贮槽，配计量泵进料（流量准），同时配流量检测仪表，方便读数并且可对工艺软水流量进行比值控制；工艺软水从工艺软水管进料，采用比值控制；配 1 个水玻璃贮槽——水玻璃溶液可在该设备中配成 1.0mol/L（按 Na_2O 计）浓度，配 1 台水玻璃输送泵——该泵在反应中不断向水玻璃高位加料并溢流，保证液位一定，配 1 个水玻璃高位槽，该设备到沉淀反应槽之间有管线，只要打开转子流量计前阀，就能向沉淀反应槽进料。

③ 出料系统设备。配两台螺杆泵，分别输送反应完成液与料浆，两台螺杆泵之间配置一个料浆槽，方便中间物料贮存，并起冷却、陈化浆作用，使白炭黑产品结构更加稳定。

5. 装置开车前准备

① 检查装置中管路是否通畅、阀门是否正常；点动泵机，可以运行；仪表显示及调节阀正常。

② 检查工艺软水供应是否正常，蒸汽供应是否正常，冷却水供应是否正常。

③ 打开所有放空阀，关闭所有其他阀门。

④ 在硫酸贮槽中备好 1m³ 的浓硫酸。

⑤ 在水玻璃贮槽中，加入一定量的水玻璃溶液，用热的工艺软水进行稀释，达到 1.0mol/L（按 Na_2O 计）浓度。水玻璃溶液总用量需要 10m³，考虑液位计计量和部分剩

余，需要配制 12m³ 水玻璃溶液，然后用输送泵送到水玻璃高位槽，至溢流后停泵。

二、槽式反应器正常开车、正常停车

1. 第一步反应

（1）加工艺软水与底碱（水玻璃）

① 打开沉淀反应槽工艺软水进口阀，沉淀反应槽液位上升，并达到规定刻度（加工艺软水约 15m³），然后关闭工艺软水进口阀。

② 按沉淀反应槽搅拌按钮，启动搅拌，转速为 100r/min。

③ 开启打水玻璃输送泵前阀，启动水玻璃输送泵，开启打水玻璃输送泵出口阀，向水玻璃高位槽输送水玻璃溶液，并溢流，记录水玻璃贮槽液位刻度。

④ 开水玻璃高位槽的出口阀，1.0mol/L（以 Na_2O 计）水玻璃溶液通过水玻璃流量计进入沉淀反应槽，水玻璃贮槽液位下降到规定刻度（加 1.0mol/L 的底碱约 1.85m³），关水玻璃高位槽的出口阀，停水玻璃输送泵。

（2）给沉淀反应槽加热

① 开沉淀反应槽蒸汽进口阀，让蒸汽进入沉淀反应槽内，将物料快速升温至 60℃±5℃，并设置自动控制。

② 继续搅拌 5min，取样分析，当沉淀反应槽中物料 Na_2O 浓度达到 0.10～0.12mol/L 即合格。若不合格应补加水玻璃或工艺软水，使 Na_2O 浓度合格。

（3）加酸进行第一步反应并陈化

① 开启硫酸计量泵前阀，调整硫酸计量泵输送流量到规定值（0.5m³/h），打开工艺软水进口管路上调节阀的前阀与后阀，设置工艺软水流量调节仪表的比值（使工艺软水体积流量是浓硫酸体积流量的 6 倍）。

② 启动硫酸计量泵，让浓硫酸与工艺软水并流进入沉淀反应槽，开始第一步反应。

③ 在加酸过程中每 5min 对沉淀反应槽中物料取样一次，用 pH 试纸测定 pH，当 pH 达到 6.5～7.0 时，为第一步反应终点，立即停硫酸计量泵，停止加入浓硫酸和工艺软水（第一步反应约 12min，浓硫酸用量约 0.1m³，工艺软水用量约 0.6m³）。

④ 停止搅拌，约 2～5min 开始出现凝胶，即第一步反应完成。陈化 30min。

2. 第二步反应

（1）搅拌使凝胶分散并升温

① 按沉淀反应槽搅拌按钮，启动搅拌，转速控制在 150～200r/min。将沉淀反应槽中凝胶充分搅拌 15min，使凝胶全部分散。

② 改变沉淀反应槽温度调节器的设置，使温度设置值为 90℃，蒸汽进口阀自动开大，将物料快速升温至 90℃±5℃，并保持温度。

（2）水玻璃、浓硫酸、工艺软水并流进料，进行第二步反应

① 启动水玻璃输送泵，开启打水玻璃输送泵出口阀，向水玻璃高位槽输送水玻璃溶液并溢流。打开水玻璃高位槽的出口阀，1.0mol/L（以 Na_2O 计）水玻璃溶液通过水玻璃流量计送入沉淀反应槽中，调节流量在 10m³/h 左右。

② 启动硫酸计量泵，让浓硫酸以 0.5m³/h 的流量加入沉淀反应槽，同时工艺软水在比值控制下自动并流进入沉淀反应槽（3.0m³/h），开始第二步反应。反应中维持温度在 90℃±5℃。

③ 反应中，每 5min 对沉淀反应槽中物料取样一次，用 pH 试纸测定 pH。pH 应该维持在 8～9。若 pH 超过 8～9，则应通过水玻璃流量计调低水玻璃的流量；若 pH 超过 8～9，则应通过水玻璃流量计调高水玻璃的流量；确保反应物系的 pH 维持在 8～9。

（3）完成第二步反应　当水玻璃贮槽中液位下降到规定值，为第二步反应终点。立即停止水玻璃输送泵，关闭其出口阀（第二步反应时间约为 48min，浓硫酸用量约为 0.4m³，工艺软水用量约为 2.4m³，水玻璃用量为 7.9～8m³）。沉淀反应槽中温度维持在 90℃±5℃。

3. 第三步反应

（1）继续加浓硫酸和工艺软水，进行第三步反应并陈化

① 调整硫酸计量泵输送流量为 0.52m³/h，继续启动硫酸计量泵；运行工艺软水比值调节，按 3.12m³/h 的流量加入工艺软水。

② 较勤地对沉淀反应槽中物料进行取样，用 pH 试纸测定 pH，pH 达到 3.5～5 时，第三步反应结束。停止硫酸计量泵，同时自动关闭工艺软水（第三步反应时间为 30min，浓硫酸用量为 0.26m³，工艺软水用量约为 1.56m³）。

③ 维持温度在 90℃±5℃，搅拌已反应好的料浆，陈化 15min。

（2）出料

① 置沉淀反应槽温度控制为手动，输出置零，关闭蒸汽调节阀的前阀与后阀。

② 将 pH 为 3.5～5 的反应完成液用反应液输送泵送到料浆槽（搅拌、冷却）中或直接送压滤岗位进行压滤。在送料过程中，一直开搅拌，当液面低于下层浆叶时，关搅拌。若出料管被堵塞，则用压缩空气通过反吹阀打通出料管。

③ 沉淀反应槽中完成液全部出泵后，用软水冲洗沉淀反应槽，收集冲出物料用于回收；关闭沉淀反应槽出口阀。反应完成液经后续工序，能得到 8.5t 左右的白炭黑产品。

三、槽式反应器紧急停车

当出现沉淀反应槽泄漏、搅拌装置突然不正常、水玻璃贮槽或硫酸贮槽泄漏等事故，需要紧急停车。其操作规程如下：

① 关搅拌电源开关。

② 停硫酸计量泵，停止浓硫酸进料和工艺水进料。

③ 停水玻璃输送泵，关水玻璃高位槽出口阀，停止水玻璃进料。

④ 关蒸汽进口阀，停止加热。

⑤ 泄漏设备中物料通过副线，排至事故槽或备用设备中。

任务评价

（1）选择题

① 在沉淀法生产白炭黑的沉淀反应工序中，反应过程属于_____操作。

A. 间歇　　　　B. 半连续　　　　C. 连续　　　　D. 定常

② 在沉淀法白炭黑生产的沉淀反应中，主要反应过程（第二步反应）的温度应偏高，为_____。

A. 60℃　　　　B. 80℃　　　　C. 90℃　　　　D. 98℃

③ 在沉淀法生产白炭黑的沉淀反应中，主要反应过程（第二步反应）的 pH 应控制在_____。

A. 3.5～5   B. 6.5～7   C. 8～9   D. 9～11

④ 在沉淀法生产白炭黑的沉淀反应中，可分三步进行，第一步反应的目的是形成_____。

A. 疏松状凝胶   B. 多孔状紧密型凝胶

C. 凝聚体粒子   D. 水合硅酸长分子

（2）判断题

① 在沉淀法生产白炭黑的沉淀反应中，使用浓硫酸沉淀，不需要工艺软水。（   ）

② 在沉淀法生产白炭黑的沉淀反应中，搅拌转速越大越好。（   ）

课外训练

在沉淀法生产白炭黑的沉淀反应工序，搅拌对产品的结构与性能有什么影响？

 项目小结

1. 一种高径比较小（$H/D<3$）的圆筒形反应器，称为釜式反应器；习惯上把高径比较小、直径较大（$D>2$m）、非标准型的圆筒形反应器称为槽式反应器。按操作方式，釜式反应器分为间歇釜式反应器和连续釜式反应器。圆筒体内部通过搪瓷进行防腐，称为搪瓷反应釜；圆筒体的材质为不锈钢，称为不锈钢反应釜。标准型釜式反应器由钢板卷焊制成圆筒体，再焊接上由钢板压制的标准釜底，并配上釜盖、夹套、接管、压料管、支座、搅拌装置等部件。釜盖与圆筒体通过法兰连接，法兰焊接方式有平焊和对焊，法兰固定方式有螺栓（不锈钢釜）或卡子（搪瓷釜）。连管不直接加料，加料需用安装在连管中的加料管。出料用压料管或底部出料，底部出料可用出料阀。特殊的釜式反应器用于特殊反应条件的场合，如硝化釜、还原釜、磺化釜、高压釜，这些都属于特殊的釜式反应器。

2. 在有些釜式反应器装置中操作，需要用氮气置换与保护，氮气置换与保护需要注意防止高浓度氮气使人窒息，应按规范操作；原料配比，可通过称重、量体积、定液位、控制流量等方法实现。在真空作业中，应根据真空泵类型，如旋片真空泵、水环真空泵、水喷射泵、蒸汽喷射泵，按规范操作，在釜式反应器装置操作中涉及真空加料和真空蒸馏，在真空加料中，输送原料为易燃爆的有机溶剂，所连管子应采用钢丝塑料管，与接管相连的一端的钢丝应固定在金属接管上，另一端管口应插入液面之下，可防止静电积累和放电。釜式反应器的传热装置有夹套、蛇管、电加热和回流冷凝器等，加热剂有水蒸气、联苯混合物、熔盐等。冷却剂有水、氯化钙水溶液。电加热、夹套和蛇管传热、回流冷凝、蒸馏/真空蒸馏等操作需按规范进行。釜式反应器操作中常搅拌，搅拌器分轴流式、混流式和径流式三大类型，常用桨叶有螺旋桨式、涡轮式、锚式等，传动方式有轴传动和磁力传动，当用轴传动时需要轴封装置，轴封装置有填料密封、机械密封两种，搅拌转速一般不高，电机与搅拌器之间需装减速机，其形式有摆线针轮减速机、齿轮减速机和涡轮减速机等，轴封与减速机都需要加润滑油润滑。

3. 釜式反应器实训装置包括1个间歇反应釜、1套液体物料加料系统（2个原料罐、2台原料泵）、1套搅拌装置（电机、减速机、搅拌轴、搅拌器、轴封）、1套加热/冷却系统（夹套热水/冷水传热、釜内电加热、1个带电加热的热水槽，1个冷水槽，1个传热介质循环泵），1套回流冷凝/出料系统（1个冷凝器、1个冷凝液槽、1个产品槽），1套真空系统（1台旋片真空泵、1个缓冲器），1套反应物料后处理系统（1个中和釜、1个中和原料罐），实训中用 4％～5％ 的乙醇溶液、硫酸、碳酸钠溶液进行间歇反应、蒸馏/真空蒸馏、后处理过程（中和反应）模拟，按规范操作。

4. 间歇反应釜装置（仿真）系统包括1套加料系统（2个计量罐——分别用于原料二硫化碳和邻硝基氯苯的计量，1个沉淀罐——用于原料多硫化钠溶液的存放和沉淀，1台加料泵——用于多硫化钠溶液的加料），1个耐压不锈钢反应釜（配压料管、压料用蒸汽进口，放空阀、安全阀或防爆膜），1套搅拌装置（电机、减速机、搅拌轴、搅拌器、轴封），1套加热/冷却系统（夹套用蒸汽/冷却水、蛇管用冷却水/高压冷却水，均来自公用工程），仿真训练中采用多硫化钠（Na_2S_n）、邻硝基氯苯（$C_6H_4ClNO_2$）及二硫化碳（CS_2）三种原料，通过间歇反应生产 2-巯基苯并噻唑（M）或 2-巯基苯并噻唑钠盐（M钠盐），按规范进行冷态开车、正常停车操作。

项目三
操作气固相固定床反应器

项目任务

知识目标

掌握气固相固定床反应器的定义及类型，了解气固相反应催化剂，了解气固相反应的最适宜温度，掌握气固相固定床换热式反应器、气固相固定床绝热式反应器。

能力目标

能辨析气固相固定床反应器外形、类型，能辨析气固相固定床反应器用催化剂和测定床层阻力，能进行气固相固定床反应器预热和对催化剂进行活化操作，能安装与更换气固相固定床反应器中的催化剂，能按规范进行固定床反应器装置的操作，能操作固定床反应器的仿真系统。

任务一　认识气固相固定床反应器

单元一　气固相固定床反应器的类型

任务目标

- 掌握气固相固定床反应器的定义
- 掌握气固相固定床反应器的类型
- 了解固定床反应器中固体颗粒的作用

任务指导

一、气固相固定床反应器的定义

气固相固定床反应器又称填充床反应器，是装填有固体催化剂或固体反应物，用以实现多相反应过程的一种反应器。固体物通常呈颗粒状，堆积成一定高度（或厚度）的床层。床层静止不动，流体通过床层进行反应。气固相固定床反应器主要用于实现气固相催化反应，例如氨合成塔、乙烯催化加氢脱乙炔的工艺等，如图 3-1 所示。

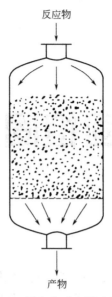

图 3-1　固定床反应器示意图

二、气固相固定床反应器的类型

气固相固定床反应器按反应过程中是否与外界进行热量交换可以划分为两大类：绝热式和换热式。

1. 绝热式气固相固定床反应器

绝热式气固相固定床反应器在反应过程中，床层不与外界进行热量交换。反应器最外层

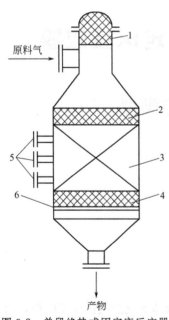

图 3-2　单段绝热式固定床反应器
1—矿渣棉；2—上层瓷环；3—催化剂；
4—下层瓷环；5—测温口；6—隔栅

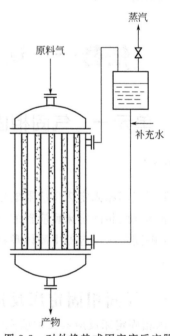

图 3-3　对外换热式固定床反应器

为保温层，作用是防止热量的传入或传出，以减少能量损失，维持一定的操作条件并起到安全防护的作用。如图 3-2 所示。

2. 换热式气固相固定床反应器

换热式气固相固定床反应器在反应过程中，床层与外界发生热量交换，以维持床层的热量平衡，保持床层温度稳定。换热式气固相固定床反应器根据换热对象的不同，可分为对外换热式气固相固定床反应器和自热式气固相固定床反应器。

对外换热式气固相固定床反应器是指固定床床层换热的物料为外界物质，如图 3-3 所示。

自热式气固相固定床反应器是指在固定床反应器内，反应物料进入催化剂层前先与催化剂床层进行间壁换热。如图 3-4 所示。

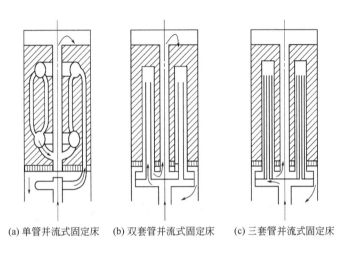

(a) 单管并流式固定床　(b) 双套管并流式固定床　(c) 三套管并流式固定床

图 3-4　自热式固定床反应器

三、固定床反应器中固体颗粒作用

固定床反应器中固体颗粒的作用主要是催化作用，有的起化学吸附作用。

固体物通常呈颗粒状，粒径 2～15mm，堆积成一定高度（或厚度）的床层。

任务评价

（1）填空题

① 气固相固定床反应器又称填充床反应器，是装填有固体催化剂或固体反应物，用以实现_____反应过程的一种反应器。

② 换热式固定床反应器在反应过程中，床层与外界发生_____，以维持床层的热量平衡，保持床层温度稳定。

（2）判断题

① 在立式气固相固定床反应器中，流体一般从上部进、底部出，通过床层进行反应。（　　）

② 换热式固定床反应器根据换热对象的不同，可分为单段式固定床反应器和多段式固定床反应器。（　　）

③ 固定床反应器中固体颗粒主要起化学吸附作用。（　　）

课外训练

气固相固定床反应器的类型，除了上述的之外，还有哪些？请上网搜索一下吧。

 单元二　辨析气固相固定床反应器的类型

任务目标

- 能辨析气固相固定床反应器的外形
- 能辨析气固相固定床反应器的类型

任务指导

在配置固定床反应器装置的化工实训室，观察固定床反应器装置。

任务评价

根据化工实训室的固定床反应器装置，画出固定床反应器的外形草图。

课外训练

根据化工实训室的固定床反应器不同装置实物，指出绝热式固定床反应器与换热式固定床反应器外形的不同点。

任务二　认识固定床反应器用催化剂及床层

 单元一　气固相反应催化剂的组成、活化

任务目标

- 了解催化剂概述
- 掌握气固反应催化剂组成
- 了解使用前催化剂的活化
- 了解催化剂的衰老
- 掌握催化剂活化的方法

任务指导

一、催化剂概述

催化剂旧称触媒，是在化学反应里能改变其他物质的化学反应速率，而本身的组成、质量和化学性质在化学反应前后都不发生改变的物质。根据催化剂对化学反应速率影响的不同，催化剂可分为正催化剂和负催化剂。使化学反应速率加快的催化剂，称为正催化剂；使化学反应速率减慢的催化剂，称为负催化剂。

催化剂具有特殊的选择性。一是指一种催化剂只能对某一类特定的化学反应有催化作用，对其他化学反应无效。例如 V_2O_5 对 SO_2 的氧化反应是有效的催化剂，而对合成氨却无效。二是指同一物质通过选取不同的催化剂，可以进行不同的反应。例如，以乙醇为原料，选用不同的催化剂可以获得不同的产物。

二、气固相反应催化剂组成

常见的固体催化剂主要由主催化剂、助催化剂和载体三大部分组成，当然还包括其他一些辅助成分。

1. 主催化剂

主催化剂又称活性组分，是整个催化过程的核心物质，没有主催化剂，就不能发生催化反应。以氨合成中用到的铁催化剂催化剂为例，这种催化剂中含有氧化钾和三氧化二铝。这两个物质的存在帮助铁催化剂提高活性，延长催化剂的寿命，然而铁催化剂本身才是催化过程的核心，没有主催化剂铁的存在，氧化钾和三氧化二铝没有任何意义。

2. 助催化剂

助催化剂是用于提高催化活性、选择性、抗毒性，提高催化剂的力学性能，延长催化剂寿命的组分。助催化剂本身没有任何活性，但是添加少量之后，会大大改善催化剂的性能。氨合成所用催化剂铁催化剂中的氧化钾和三氧化二铝就属于助催化剂。

3. 载体

载体是固体催化剂特有的成分，其作用是增大催化剂的接触面积和机械强度，提高其耐热性。它与助催化剂的不同在于，在催化剂中它的含量远远大于助催化剂。多数情况下，载体本身是没有活性的惰性介质。载体的材质很多，可以是天然的，也可以是人工制造的。常见的载体有活性炭、硅藻土等。

4. 共催化剂

共催化剂是和主催化剂同时起作用的组分。有时某一种催化剂单独存在时，催化效果差，此时往往与共催化剂联合使用，可以达到很好的催化效果。

三、催化剂的活化

1. 使用前催化剂为什么要活化

从市场上购买的绝大部分催化剂都处于钝化状态，即还未达到催化过程所需的化学和物理结构，还没有一定性质和质量的活性中心，必须在一定条件下处理后才能起良好的催化作用。例如，合成氨中，铁系催化剂的活性组分为金属铁（α-铁），未还原前，以铁的氧化物状态存在，其主要成分是三氧化二铁（Fe_2O_3）和氧化亚铁（FeO），对合成氨反应不具有催化性能，经过还原，转化成 α-Fe 后才具有催化活性。

在一定压力和温度条件下，用一定组成的气体对催化剂进行处理，使其中以某一形态存在的活性组分转变成催化反应所必需的活性组分的过程称为催化剂的活化。催化剂的活化实际上是活性催化剂制造的最后一个操作单元，通常在催化剂使用装置上按催化剂生产厂家提供的技术进行。这是因为活化后的催化剂再暴露在空气中容易失活，某些催化剂甚至会燃烧，所以催化剂一经活化必须立即投入使用。

2. 催化剂的衰老

催化剂经过长期使用后，活性会逐渐下降，生产能力逐渐降低，这种现象称为催化剂的衰老。催化剂衰老到一定程度，就需要更换新的催化剂。催化剂衰老的原因主要有以下几点：

① 当催化剂长期处于高温下操作时，因受热的影响，催化剂的细小晶粒会逐渐长大，表面积减小，活性下降。特别是在操作中温度波动频繁、温差过大、温度过高时，就更容易使催化剂衰老。

② 进塔气中含有少量引起催化剂暂时中毒的毒物，使催化剂表面不停地反复进行氧化和还原反应，从而使晶粒变大，催化剂衰老。

催化剂的衰老几乎是无法避免的，但是选用耐热性能较好的催化剂，改善气体质量和稳定操作，能大大延长催化剂的使用寿命。

3. 催化剂的活化方法

不同催化剂的活化方法截然不同，常用的方法有还原、氧化、硫化、热处理等。

对氨合成塔所使用的催化剂铁催化剂进行活化时，采用的是还原剂（H_2）将三氧化二铁和氧化亚铁还原成 α-Fe，还原程中严格控制各阶段的温度、压力及原料气中氢等物质的含量。

低温变换催化剂为钴钼系耐硫低温催化剂，其主要组分为：氧化钴（CoO）、三氧化钼（MoO_3），它的活化则是采用 CS_2 为硫化剂，将氧化钴和三氧化钼转化成相应的硫化物。

再如，乙苯脱氢所用的催化剂，其主要成分为氧化铁等，在活化时，采用的方法是直接加热至 $500\sim600℃$，维持一段时间即可。

任务评价

（1）填空题

① 助催化剂是用于提高催化_____、选择性、抗毒性，提高催化剂的力学性能，延长催化剂寿命的组分。

② 载体是固体催化剂特有的成分，其作用是增大催化剂的_____面积和机械强度，提高其耐热性能。

③ 从市场上购买的绝大部分催化剂都处于_____状态，即还未达到催化过程所需要的化学和物理结构，还没有一定性质和质量的活性中心，必须在一定条件下处理后才能起到良好的催化作用。

（2）选择题

① 下面_____项不属于催化剂反应前后的特性。

A. 质量不变　　　B. 组成不变　　　C. 物理性质不变　　D. 化学性质不变

② 常见的固体催化剂主要由 3 大部分组成，下列中不属于这三部分的是_____。

A. 主催化剂　　　B. 共催化剂　　　C. 助催化剂　　　　D. 载体

（3）判断题

① 所有催化剂都能加快化学反应速率。（　　　）

② 一种催化剂只能对某一类特定的化学反应有催化作用，对其他化学反应无效，这是催化剂的选择性。（　　　）

③ 催化剂经过长期使用后，活性会逐渐下降，生产能力逐渐降低，这种现象称为催化

剂的活化。（　　）

④ 催化剂的衰老是可以避免的。（　　）

课外训练

气固相反应催化剂除了包含有主催化剂、助催化剂、载体、共催化剂四种外，还有哪些，有什么作用？请上网搜索一下吧。

单元二　观察固定床反应器用催化剂的外观和测定床层阻力

任务目标

- 能辨析气固固定床反应器用催化剂的外形
- 能测定气固相固定床反应器中催化剂床层的阻力
- 能熟悉催化剂床层中的沟流现象

任务指导

一、气固相固定床反应器用催化剂外观

气固相固定床反应器的催化剂外形有多种多样，如图 3-5 所示，有的颗粒大，有的颗粒小，有的为球形，有的为圆柱状。

对于换热式固定床反应器，因将催化剂装于直径为 32mm 左右的细管中，所使用的催化剂必须为较小颗粒。对于绝热式固定床反应器，因其直径较大（一般为 1000mm 左右，甚至更大），可采用大颗粒的催化剂。

图 3-5　不同形状的催化剂

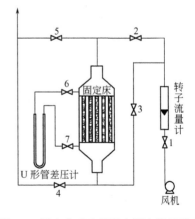

图 3-6　固定床反应器阻力测定装置示意

二、测定气固相固定床反应器中催化剂床层的阻力

1. 认识固定床反应器阻力测定装置的工艺流程

固定床反应器阻力测定装置的工艺流程如图 3-6 所示。该装置包括 1 个管式固定床反应器（内径为 100mm，长为 1000mm，列管段长为 800mm，列管内径为 12mm，共 7 支，内装活性炭），一台小型风机，一支转子流量计，一台 U 形管差压计（两测压端分别与固定床

的上部和下部相连，用于测量固定床前后压差，指示液为水）。

工艺流程：空气由小型风机加压，经过转子流量计调节流量后，分成两支，一支经阀门2，从固定床反应器的上部进入固定床，再由固定床底部排出，放空；另一支则经阀门3，从固定床反应器的底部进入固定床，再由固定床上部排出，放空。

2. 认识固定床反应器阻力测定装置的仪表及控制方式

（1）仪表　此装置仅有一块仪表，即差压测量仪，本装置采用 U 形管测量压差（水作为指示液），但也可使用电子压差计。

（2）控制方式　本装置主要控制参数为空气流量，采用手动调节转子流量计即可。

（3）电器开关　本装置仅有一个风机的电源开关。

3. 测定气固相固定床反应器中催化剂床层的阻力

关闭阀 3、5，开启阀 2、4，开启阀 6、7。开启风机的电源开关，手动调节转子流量计旋钮开关 1，以调节空气流量。通过 U 形管，测量不同空气流量下的压差。

总结空气流量与压差的关系。

三、沟流现象

在固定床内，由于催化剂颗粒堆积不均匀或气体分布不良等原因，造成一部分或大部分气体经过一条阻力很小的通道通过床层，在床层局部形成沟道，这种现象称为沟流。沟流贯穿于整个床层称为贯穿沟流，如仅发生于局部则称为局部沟流。

对于绝热式固定床反应器，其截面面积相对较大，形成沟流的床层内气体流速较快，原料气还未进行反应就离开催化剂层，其余催化剂床层虽然气体流速慢，反应能充分进行，但气体流量较少，最终使原料气的转化率降低，反应温度不易控制。对于管式换热器，沟流往往是指部分列管内流体阻力较低，气体流速较快，最终原料气的转化率也会较低的现象。

导致沟流的主要原因有以下几种：催化剂装填时不均匀；气体分布器不良，造成某些部位气体流量较大；操作过程中，操作压力波动较大，造成短时间部分气体逆向流动，使催化剂床层发生位移，改变了催化剂床层内部分催化剂的密实程度。

为防止产生沟流现象，应采取以下措施：在催化剂装填时，按级配要求，分层装填；每个催化剂层装填完成后，均要用耙子耙平；选择分布性能优良的分布器，并定期检查分布效果；生产操作时，要求压力平稳，不宜波动较快。

任务评价

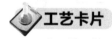工艺卡片

反应设备 工艺卡片	训练班级	训练场地	学时	指导教师
			1	
训练任务	观察固定床反应器用催化剂的外观和测定床层的阻力			
训练内容	观察固定床反应器用催化剂的外观，测定固定床反应器的床层阻力，观察沟流现象			
设备与工具	乙苯脱氢用催化剂少量，固定床反应器阻力测定装置一套，游标卡尺			

序号	工序	操作步骤	要点提示	数据记录或工艺参数		
1	观测催化剂的外观	观察乙苯脱氢催化剂的外观特征,并取五粒催化剂颗粒,用游标卡尺测量其外形尺寸,并计算平均尺寸	使用游标卡尺测量催化剂的外形尺寸	颜色		
				形状		
				序号	直径/mm	长度/mm
				1		
				2		
				3		
				4		
				5		
2	固定床反应器阻力测定	①检查装置所有阀门均处于关闭状态,各连接处连接完好。检查电源。 ②全开阀门2、阀门4、阀门6、阀门7。 ③微开阀门1,启动风机,缓慢打开阀门1,至全开。 ④逐渐关小阀门1,使流量为60m³/h,待转子流量计稳定后,记录压差值及转子流量计流量。 ⑤关小阀门1,调节流量,依次将流量调节为50m³/h、40m³/h、30m³/h、20m³/h,稳定后,记录数据。如此共记录五次数据。 ⑥停风机,关闭所有阀门	操作过程中,调节阀门1时,应缓慢,以防止U形管差压计指示液波动较大	序号	流量/(m³/h)	压差/Pa
				1		
				2		
				3		
				4		
				5		
3	观察沟流	①管式固定床反应器进行催化剂装填时,将其中一侧的两支列管装填量控制在正常量的一半,其余五支列管正常装填。 ②将装填好催化剂的固定床反应器装回装置中,并固定好。 ③检查装置所有阀门均处于关闭状态,各连接处连接完好。检查电源。 ④全开阀门2、阀门4。 ⑤启动风机,缓慢打开阀门1,至半开。 ⑥稳定后,在风机入口处加少量滑石粉,注意观察固定床反应器内滑石粉流动路线	加入滑石粉的数量不宜过多,以能看清沟流现象为宜	现象描述:		

课外训练

根据固定床反应器阻力测定中记录的数据,绘制流量与床层阻力间的关系曲线。

 单元三 催化剂中毒与原料净化

任务目标

• 掌握催化剂中毒现象

- 了解催化剂中毒原因
- 了解原料净化目的和方法

一、催化剂中毒

催化剂中毒是指原料气中极微量的杂质吸附在催化剂的活性位上,导致催化剂活性迅速下降甚至丧失的现象。导致催化剂中毒的物质称为毒物。按照毒物的作用特性,催化剂的中毒过程可以分为可逆中毒、不可逆中毒及选择性中毒三种。

可逆性中毒,又称为暂时性中毒,毒物在催化剂活性中心上吸附或化合后,因生成的键较弱,可采用适当的方法除去这些毒物,使催化剂性能基本恢复甚至完全恢复。例如,合成氨反应中,进塔混合气中含有少量水蒸气会使铁催化剂中毒,只有进塔混合气中水蒸气浓度低于一定值时,才是稳定的;因此,只要彻底干燥反应中的混合气,就可以恢复金属铁催化剂的活性,此谓可逆中毒。

不可逆中毒,又称永久性中毒,毒物与催化剂活性组分相互作用,使活性中心形成稳定化合物,或造成其结构的破坏,难以用一般方法将其清除,从而使催化剂发生永久性失活。例如,合成氨反应混合气中含有少量硫化氢也可使铁催化剂中毒。由于硫化氢与铁反应,生成的硫化亚铁($H_2S+Fe \longrightarrow FeS+H_2$)在反应条件下很稳定,要使催化剂活性恢复较为困难,此谓不可逆中毒。

二、催化剂中毒的原因

毒化催化剂的毒物大致有两类:一是强烈地化学吸附在催化剂的活性中心上;另一种是与构成活性中心的物质发生化学作用,造成催化剂活性衰退。不同种类的催化剂,有着不同的催化剂毒物。几种催化剂的毒物如表 3-1 所示。

表 3-1　几种常用催化剂的毒物

催化剂	反应	毒物
镍、铂、钯、铜	加氢脱水	硫及其化合物、硒、碲、磷、砷、锑、铋、锌、卤化物、汞、磷、氨、氧、一氧化碳
银	氧化	甲烷、乙烷
钴	氢化裂化	氨、硫、硒、碲及磷的化合物
五氧化二钒、三氧化二钒	氧化	砷化合物
铁	氨合成	氧、一氧化碳、水蒸气、乙炔、硫的化合物
四氧化三铁	一氧化碳变换	灰尘、硫及其化合物
活性白土、硅铝、硅镁	烃的裂解、烷基化、异构化、聚合	喹啉、有机碱、水、重金属化合物
铬铝催化剂	烃类芳构化	水蒸气

导致催化剂中毒的毒物通常是反应原料中带入的杂质,或者是催化剂自身的某些杂质;反应产物或副产物亦可能使催化剂中毒。

三、原料净化目的和方法

为防止催化剂中毒,在原料气进入固定床反应器之前,应对原料气进行净化处理,以除去对催化剂有毒害的物质。不同催化剂对毒物浓度的要求不同,净化方法也不同;不同原料生产同一产品时，采用的净化方法也会不同。

例如，在合成氨生产时，需要脱除原料气中的硫和一氧化碳等有毒害的物质。若原料气中存在较多有机硫时，则可采用钴钼加氢串氧化锌法脱硫，若原料气中的硫主要是 H_2S 时，则可采用湿法脱硫，如改良 ADA 法。对一氧化碳气体，则通过变换（$CO + H_2O \longrightarrow CO_2 + H_2$），将有害的一氧化碳转换成易于除去的二氧化碳，同时生产有用的气体氢气；另外残余的一氧化碳可用铜液洗涤方法除去。

任务评价

（1）填空题

① 催化剂中毒是指原料气中极微量的杂质吸附在催化剂的活性位上，导致催化剂活性迅速_____甚至丧失的现象。

② 按照毒物的作用特性，催化剂的中毒过程可以分为_____、不可逆中毒及选择性中毒三种。

（2）选择题

合成氨反应混合气中含有少量硫化氢也可使铁催化剂中毒，这属于_____中毒。

A. 选择性　　　　B. 永久性　　　　C. 暂时性　　　　D. 可逆性

（3）判断题

① 不同种类的催化剂，有着不同的催化剂毒物。（　　　）

② 导致催化剂中毒的毒物通常只能是反应原料中带入的杂质，或者是催化剂自身的某些杂质。（　　　）

③ 为防止催化剂中毒，在原料气进入固定床反应器之前，应对原料气进行净化处理，以除去对催化剂有毒害的物质。（　　　）

④ 不同催化剂对毒物浓度的要求不同，净化方法也不同；不同原料生产同一产品时，采用的净化方法也会不同。（　　　）

课外训练

在表 3-1 中选择一种催化剂，查阅资料，确定其毒物是如何致其中毒的。

 单元四　安装与更换气固相固定床反应器中的催化剂

任务目标

- 能辨析固定床反应器的放置方式
- 能辨析固定床反应器的进料
- 能安排气固相固定床反应器中催化剂安装的步骤
- 能指出气固相固定床反应器中催化剂的更换时机

任务指导

一、固定床反应器放置方式与进料

固定床反应器的放置方式，可分为立式和卧式两种。

立式固定床反应器，即固定床反应器的轴为竖直方向，如图 3-7 所示。通常反应物料从反应器的顶部进入，沿竖直方向向下，从底部排出。

卧式固定床反应器，即反应器的轴为水平方向，如图 3-8 所示。通常反应物料由固定床反应圆柱体的一端进入，沿轴向穿过反应器，从另一端排出。

图 3-7　立式固定床反应器　　　　　　　　　　图 3-8　卧式固定床反应器

化工生产中，固定床反应器以立式最为常见。

二、固定床反应器中催化剂安装的步骤

催化剂的装填是一件有较强技术性的工作。装填的好坏对催化剂床层气流的均匀分布，降低床层阻力并有效地发挥催化剂的效能起重要作用。

首先，装填前要检查催化剂在运输贮存中是否发生破碎、受潮或污染等情况，并对催化剂进行过筛。

其次，催化剂的装填。在装填直径较大的固定床反应器时，先明确催化剂床层各层物料级配情况，按级配要求，分层装填。装填催化剂时，应尽量保持催化剂固有的机械强度不受损失，避免其在一定高度（0.5～1.0m 不等，视催化剂力学性能而定）以上自由坠落时，与反应器底部或已装的催化剂发生撞击而破裂，如图 3-9、图 3-10 所示。每个催化剂层装填完成后，均要用耙子耙平，并确认该层催化剂的厚度是否符合级配要求。装填及耙平过程中，应防止装填人员直接践踏催化剂，但可在加垫木板上行走。

第三，若有必要，最后在催化剂层上加一层，其作用是压住催化剂层，防止其蠕动，如图 3-2 绝热式固定床反应器中就加装了不同粒径的瓷球。

另外，如果在大修后重新装填已使用过的旧催化剂，一是需经过筛，剔出碎片；二是注意尽量原位回装，即防止把在较高温度使用过的催化剂，回装到较低温度区域使用。因为前者可能比表面积变小，孔隙率变低，甚至化学组成变化（如含钾催化剂各温区流失率不同）、可还原性变差等，导致催化剂性能不良或与操作设备不适应。

三、气固相固定床反应器中催化剂的更换时机

催化剂投入生产后，催化剂能够使用多长时间，即寿命多长呢？工业催化剂的寿命随种类

图 3-9 装填催化剂的装置

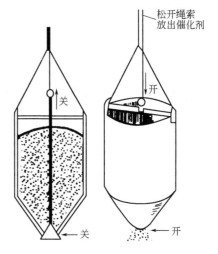

图 3-10 装填催化剂的料斗

而不同。催化剂并非在任何情况下都追求尽可能长的使用寿命,事实上恰当的寿命和适时的判废,往往牵涉很多技术经济问题。例如,运转晚期带病操作的催化剂,如果带来工艺状况恶化甚至设备破损,延长其操作周期便得不偿失。催化剂更换时机的判定一般从以下几方面进行:

① 检测固定床反应器中产品浓度是否达到工艺要求。

② 检测催化剂床层阻力,若阻力过大,则说明催化剂颗粒破碎较严重。

③ 对于放热反应,还可通过催化剂层中热点温度(即催化剂层中温度最高的温度)来判定。

催化剂更换与否,应综合考虑。若催化剂能达上述几点要求,说明催化剂还可继续使用;达不到要求,则可立即更换,或通过改变一定的工艺条件,维持生产,待条件允许更换催化剂。

任务评价

反应设备	训练班级		训练场地		学时		指导教师	
工艺卡片					1			
训练任务	固定床反应器催化剂的装填							
训练内容	固定床反应器催化剂的装填							
设备与工具	石英玻璃管(直径为 80mm,高度 1000mm)、玻璃纤维、活性炭颗粒、小铲子							
工序	操作步骤			要点提示		数据记录或工艺参数		
固定床反应器催化剂的装填	①将石英玻璃管底部封住,再向内加入一定量的玻璃纤维,并至石英玻璃管底部,其厚度为 100mm 左右。 ②装填活性炭。装填时,用小铲子取少量活性炭,倒入石英玻璃管内,倒入时,应将玻璃管倾斜,防止活性炭撞击而破碎。活性炭厚度为 800mm 左右。 ③活性炭加完后,将石英玻璃管摆成竖直,并轻轻震动两下,使活性炭均匀。 ④最后加入一定量的玻璃纤维至石英玻璃管顶部,厚度为 100mm 左右。 ⑤测量各层厚度			加入活性炭时,应防止活性炭相互碰撞而破碎		下层玻璃纤维层厚度(mm): 活性炭层厚度(mm): 上层玻璃纤维层厚度(mm):		

课外训练

固定床反应器在装填活性炭时，为什么要在活性炭的上层及下层加入玻璃纤维做垫层？

任务三　对固定床反应器预热和对催化剂活化

 ## 单元一　进行气固相固定床反应器预热和对催化剂活化

任务目标

- 能有意识地防范气固合成反应中爆炸性气体的风险
- 在反应器预热前，能对反应器床层通气体物料
- 在床层通气体物料及反应器预热后，能用加热介质继续间接加热，使催化剂活化

任务指导

本次技能训练在乙苯脱氢实训室装置内进行。

一、乙苯脱氢反应器装置的认识

1. 认识乙苯脱氢反应器装置的工艺流程

（1）反应任务　在管式反应器内，乙苯发生脱氢反应生成苯乙烯。

主反应：

$$\underset{\text{（乙苯）}}{\overset{\text{C}_2\text{H}_5}{\bigcirc}} \longrightarrow \underset{\text{（苯乙烯）}}{\overset{\text{CH}=\text{CH}_2}{\bigcirc}} + \underset{\text{（氢气）}}{2\text{H}_2}$$

副反应：

$$\underset{\text{（乙苯）}}{\overset{\text{C}_2\text{H}_5}{\bigcirc}} + \underset{\text{（氢气）}}{\text{H}_2} \longrightarrow \underset{\text{（甲苯）}}{\overset{\text{CH}_3}{\bigcirc}} + \underset{\text{（甲烷）}}{\text{CH}_4}$$

$$\underset{\text{（乙苯）}}{\overset{\text{C}_2\text{H}_5}{\bigcirc}} \longrightarrow \underset{\text{（苯）}}{\bigcirc} + \underset{\text{（乙烷）}}{\text{CH}_2\text{CH}_2}$$

（2）主要设备　该装置设备主要包括蠕动泵两台，管式反应器一台，水冷凝器一支，气液分离器一支，气体流量计一台，小型空气压缩机一台。

（3）工艺流程　乙苯脱氢实验室装置工艺流程图，如图3-11所示。乙苯脱氢反应是体积增大的反应，减压有利于反应平衡向生成苯乙烯的方向进行。但在高温下减压操作不安全，故采用加入稀释剂水蒸气的办法解决。其流程：反应所用原料乙苯、蒸馏水分别经两台蠕动泵送入管式反应器，管式反应器的上段为预热段，将加入的乙苯和蒸馏水汽化、升温。管式反应器下段为催化剂段，在催化剂下发生乙苯脱氢化学反应。反应之后的气体由管式反应器底部出来，进入水冷凝器，用水对反应气体进行降温，将苯乙烯冷凝成液体。在气液分离器中进行气液分离，液体沉于底部，气体从上面排出后，进入气体流

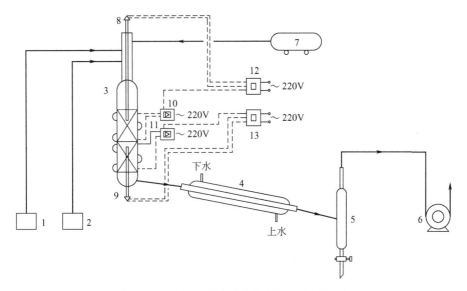

图 3-11　乙苯脱氢实验室装置的工艺流程图

1—蒸馏水蠕动泵；2—乙苯蠕动泵；3—管式反应器；4—水冷凝器；5—气液分离器（产品收集器）；
6—湿式气体流量计；7—小型空气压缩机；8—预热段热电偶；9—反应段热电偶；10—预热段
可控硅；11—反应段可控硅；12—预热段数显温度控制仪表；13—反应段数显温度控制仪表

量计后排空。

另外还有一支进入管式反应器的物料是空气，空气由小型空气压缩机来，进入管式反应器顶部，其流程与前面流程相同。

2. 认识乙苯脱氢反应器装置的控制方案

（1）预热段加热温度控制及反应段加热温度控制　采用 PID 控制，调（电）压模块为执行器。

（2）蒸馏水流量控制　采用手动控制，即依据之前对各蠕动泵的校核后制订的蠕动泵转速与流量的对照表，控制蠕动泵的转速。

3. 做好乙苯脱氢反应器装置催化剂活化前的准备工作

（1）检查　由相关操作人员组成装置检查小组，对本装置所有设备、管线、阀门、电气、仪表、保温等，按工艺流程图进行检查。检查密封性，确保不漏气。检查整个装置的工艺物料气路是否畅通。用兆欧表检查反应管与电加热丝的绝缘性，确保绝缘电阻大于 $20M\Omega$，否则应更换绝缘材料并重装反应器。

（2）试水　打开冷却水阀，检查冷却水是否正常。

（3）试电　确保控制柜上所有开关均处于关闭状态，检查外部供电系统是否正常。开装置进电总电源开关，开仪表电源开关，开启无纸记录仪，查看所有仪表是否上电、指示是否正常。

（4）检查气密性　关闭装置出气阀及各物料进料阀，开压缩空气进反应器阀门，通入空气，将系统压力升至 $500mmH_2O$（正压），停止压缩空气，保压 10min，若系统压力下降小于 $20mmH_2O$，则视为基本不漏气。

二、乙苯脱氢反应器装置的催化剂活化操作步骤

1. 升温操作

① 关各物料进料阀，开空气进口阀及系统出气阀，启动空气压缩机，调节好空压机出

口压力，保证气路畅通。

② 打开冷却水进、出口阀。

③ 确认接通电源，开启反应器的预热段、反应段加热电源开关，分别通过预热段、加热段温度数显仪表调节预热段、加热段两段加热电压，逐步升温。要求在30～40min内升至300℃。

2. 通入蒸馏水并升温

① 当预热段温度达到300℃，反应段温度达到400℃时，启动蒸馏水蠕动泵，开始向反应器内加蒸馏水，并校正其流量为0.30～0.35mL/min。

② 继续调节预热段、加热段两段的加热电压，逐步升温。

3. 恒温活化

① 当预热段温度、反应段温度均达到500℃后，使其稳定在500℃。

② 在稳定通入压缩空气的同时，蒸馏水加入量控制在0.30～0.35mL/min，使催化剂活化。维持1h，活化结束。

③ 停止通入蒸馏水并断电，关冷却水，降温。

任务评价

检查工艺卡片上数据记录或工艺参数。

工艺卡片

反应设备 工艺卡片	训练班级	训练场地	学时	指导教师
			2	
训练任务	乙苯脱氢反应器装置的催化剂活化			
训练内容	做好乙苯脱氢反应器装置催化剂活化的开车前准备；按规范进行乙苯脱氢反应器装置的催化剂活化			
设备与工具	乙苯脱氢反应器装置、蒸馏水			

序号	工序	操作步骤	要点提示	数据记录或工艺参数
乙苯脱氢反应器装置的催化剂活化操作步骤				
1	升温操作	①按工艺流程图检查本装置所有设备、管线、阀门、电气、仪表、保温等。检查密封性，检查整个装置的工艺物料气路是否畅通。用兆欧表检查反应管与电加热丝的绝缘性。 ②检查冷却水是否正常。 ③检查外部供电系统是否正常。开装置进电总电源开关，开仪表电源开关，查看所有仪表是否上电，指示是否正常。 ④关各物料进料阀，开空气进口阀及系统出气阀，启动空气压缩机，调节好空压机出口压力，保证气路畅通。 ⑤打开冷却水进、出口阀。 ⑥确认接通电源，开启反应器的预热段、反应段加热电源开关，分别通过预热段、加热段温度数显仪表调节预热段、加热段两段加热电压，逐步升温。要求在30～40min内升至300℃	按操作规程	

序号	工序	操作步骤	要点提示	数据记录或工艺参数
2	通入蒸馏水并升温	①当预热段温度达到300℃,反应段温度达到400℃时,启动蒸馏水蠕动泵,开始向反应器内加蒸馏水,并校正其流量为0.30～0.35mL/min。 ②继续调节预热段、加热段两段加热电压,逐步升温	按操作规程	
3	恒温活化	①当预热段温度、反应段温度均达到500℃后,使其稳定在500℃。 ②控制蒸馏水加入量为0.30～0.35mL/min,维持3h,使催化剂活化。 ③停止通入蒸馏水,并断电,关冷却水,降温	按操作规程	

工艺参数记录	时间							
	蒸馏水蠕动泵转速挡位							
	蒸馏水流量/(mL/min)							
	预热段温度/℃							
	反应段温度/℃							
	蒸馏水瓶液位/mm							
	气液分离器液位/mm							

课外训练

对照固定床反应器装置,画出工艺流程草图。

 单元二 气固相反应的最适宜温度

任务目标

- 了解化学反应的选择性（产率）
- 了解目的产物的收率
- 掌握最适宜温度的确定
- 掌握反应器的换热对产物收率的影响

任务指导

一、化学反应的选择性及目的产物的收率

1. 选择性

在固定床气固相反应中,除生成目的产物的主反应外,常常还有生产副产物的副反应。选择性是指某反应物生成目的产物的消耗量占该反应物的总消耗量的百分数,以 S 表示,其定义式为:

$$S = \frac{\text{反应物 A 生成目的产物的消耗量}}{\text{反应物 A 的总消耗量}} \times 100\%$$

选择性反映主、副反应进行的程度，选择性越大，说明反应体系中主反应所占的比例越大，即原料转化率越高，目的产物的生成量也越大。因此，选择性是衡量气固相反应效率的重要指标。

在化学反应中，产率指的是某种生成物的实际产量与理论产量的比值。

2. 目的产物的收率

收率是指生成目的产物所消耗某反应物的量与该反应物投入总量的百分比，用符号"y_P"表示，其定义式为：

$$y_P = \frac{\text{反应物 A 生成目的产物的消耗量}}{\text{反应物 A 的投入量}} \times 100\%$$

收率综合考虑了反应物总转化量、转化为目的产物所消耗的反应物量，转化率 x_A、选择性与收率 y_P 三者间的关系为：

$$y_P = x_A S$$

二、最适宜温度的确定

影响反应温度的选择因素有很多，下面从目的产物的收率、催化剂的承受能力等两方面进行分析。

1. 反应温度对目的产物的收率的影响

发生化学反应时，常常会伴随有一些副反应。从化学平衡角度分析，高温对吸热反应有利，对放热反应不利。从反应速率角度分析，温度的升高会同时加快主、副反应的反应速率，但对主、副反应加快的幅度会有所不同，若升高温度对主反应加快得更多些，则提高反应温度对主反应有利，反之对主反应不利。要获得较好的目的产物收率，就要选择适宜温度，即使主反应的速率与副反应速率的比值尽可能大一些。

2. 催化剂的承受能力

每一种催化剂都有其对应的活性温度范围，即该催化剂在此温度范围内活性较好。高于此温度范围，催化剂易发生性状改变，降低催化活性，甚至丧失催化活性，因此反应温度受催化剂适用温度范围的限制。

三、反应器的换热对产物收率的影响

对于绝热反应器，因纵向（反应气相物料的流动方向）温度分布不均，甚至部分床层区域超出适宜温度范围，造成收率下降。固定床内发生化学反应时，不论是放热反应还是吸热反应，都要通过反应器将热及时移出反应器或向反应器提供热量。对于换热式反应器，能通过换热将反应热移出反应器，或将反应所需的热量及时地导入，使反应器内温度控制在最适宜温度范围内，产物收率将提高。

任务评价

（1）填空题

① 在固定床气固相反应中，除生成目的产物的主反应外，常常还有生产副产物的副反应。选择性是指某反应物生成目的产物的消耗量占该反应物的总消耗量的百分数，以 S 表示，其定义式为_____。

② 要获得较好的目的产物收率，就要选择适宜温度，即使主反应的速率与副反应速率的_____尽可能大一些。

③ 每一种催化剂都有其对应的_____温度范围，即该催化剂在此温度范围内活性较好。

④ 对于绝热反应器，因纵向（反应气相物料的流动方向）_____，甚至部分床层区域超出适宜温度范围，造成收率下降。

（2）判断题

① 转化率指生成目的产物所消耗某反应物的量与该反应物投入总量的百分比。（　　）

② 对于绝热反应器，因纵向温度分布不均，甚至部分床层区域超出适宜的温度范围，造成目的产物的收率下降。（　　）

课外训练

利用互联网搜索引擎，搜索乙苯脱氢反应的收率大致是多少。

单元三　气固相固定床换热式反应器的结构及特点

任务目标

- 掌握列管换热式反应器的结构
- 了解列管换热式反应器的优缺点

任务指导

一、列管式固定床反应器的结构

化工生产中应用最多的换热式固定床反应器是换热条件较好的列管式反应器，其结构类似管壳式热交换器。如图 3-12 所示。

催化剂装填在列管内，反应物料由上进入，经列管内催化剂层后，由下部排出，管间为换热介质，换热介质由下部进入，由上部排出，在反应过程中连续地将反应热移出反应区，或者连续地向反应区供热。

反应器管径的选择应能满足传热的要求，与反应热效应和热稳定性条件有关，一般在 20～50mm 范围内。列管数目多的可达成百上千根，甚至可达万根以上。催化剂粒径应小于管径的 8 倍，通常固定床用的粒径约为 2～6mm，不小于 1.5mm，催化剂粒径越小，床层阻力越大。

催化剂装填要求均匀，各管阻力降一致，以避免造成沟流，反应效果降低。对于存在热稳定性问题的反应器，应采用高温冷却介质，传热温差要小，否则不能满足热稳定条件的要求。

对换热介质的一般要求是：在反应条件下稳定，不生成沉积物，无腐蚀性，具有较大的比热容，价廉易得。常用的冷却介质有：水、加压水等。

常用的加热介质有：导生液（联苯与联苯醚混合物）、熔融盐（如硝酸钠、硝酸钾和亚硝酸钠混合物）、烟道气等。例如，工业乙苯催化脱氢制苯乙烯，反应温度为 580～200℃，是吸热反应，采用高温烟道气作加热介质。

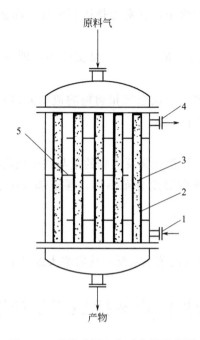

原料气

5

4

3

2

1

产物

图 3-12　列管式固定床反应器示意图
1—换热介质入口；2—反应管；3—催化
剂；4—换热介质出口；5—折流挡板

二、列管式固定床反应器的优缺点

1. 优缺点

列管式固定床反应器的优点：因采用小管径列管，所以反应器的传热面积较大，对强放热反应特别有利；传热效果好，易于控制催化剂床层温度；管径较细，流体在催化床内流动可视为理想置换流动，故反应速率快，选择性高。

列管式固定床反应器的缺点：结构较复杂，设备费用高，单位体积设备产量低。

2. 适用性

列管式固定床反应器能适用于热效应大的反应，温度要求均匀控制的场合。因为结构复杂，不宜在高压条件下使用。

任务评价

（1）填空题

① 固定床反应器是换热条件较好的列管式反应器，其结构类似＿＿＿＿＿式热交换器。

② 列管式固定床反应器中，催化剂装填在＿＿＿＿＿内，反应物料由上进入，经列管内催化剂层后，由下部排出，管间为换热介质，换热介质由下部进入，由上部排出，在反应过程中连续地将反应热移出反应区，或者连续地向反应区供热。

③ 列管换热式反应器对换热介质的一般要求是：在反应条件下稳定，不生成沉积物，无腐蚀性，具有较＿＿＿＿＿的比热容，价廉易得。

（2）判断题

① 列管式固定床反应器一般采用管径较粗的管子。（　　　）

② 列管式固定床反应器具有结构较简单，设备费用高的缺点。（　　　）

③ 列管式固定床反应器适用于热效应大的反应，不宜在高压条件下使用。（　　）

课外训练

利用互联网搜索引擎，搜索"列管式固定床反应器"的图片，选出认为最好的一张进行下载，并数一数有多少根列管。

 单元四 气固相固定床绝热式反应器的结构与改进

任务目标

- 掌握绝热式反应器的结构
- 了解绝热式反应器的优缺点
- 掌握绝热式反应器的改进

任务指导

一、绝热式固定床反应器的结构

单段绝热式固定床反应器的结构，如图 3-2 所示。单段绝热式固定床反应器，一般为一高径比不大的圆筒体，在筒体下部装有栅板，栅板上面填装一层瓷环，在上面均匀堆置催化剂，催化剂上面再装一层瓷环。反应气体预热到适当温度后，由反应器顶部进入，经过气体分布器均匀通过催化剂层后进行反应，反应后的气体由底部引出。为掌握催化剂层内的温度情况，在催化剂层内往往设有若干个测温点。

有的绝热式固定床反应器内部装有电加热装置，在开工时或操作不正常时使用，以维持催化剂的温度，此时就不是绝热式固定床反应器了。

二、绝热式反应器的优缺点

绝热式反应器具有反应器结构简单，造价便宜，反应器内体积能得到充分利用，生产能力大的优点。同时，因反应过程中不与外界进行热交换，使反应过程中温度变化较大。该反应器主要适用于反应热效应不大的化学反应；或是反应过程允许温度有较宽变动范围的化学反应；对于热效应较大的，但对反应温度不很敏感或是反应速率非常快的化学反应也可适用。

三、绝热式反应器的改进

1. 段间换热式多段绝热固定床反应器

多段绝热固定床反应器是将固体催化剂分成几段装填到反应器中，在段与段之间进行换热，将反应混合物冷却或加热，这样每段实现的转化率都不太高，可以避免进出口温差太大、超过允许范围，并且可以使整个过程在接近最佳温度的条件下进行。

如图 3-13 所示，即为段间换热式多段绝热式固定床催化反应器，图中有Ⅰ、Ⅱ、Ⅲ三层催化剂层，在催化剂Ⅰ层与催化剂Ⅱ层间、催化剂Ⅱ层与催化剂Ⅲ层间两处安装换热器，即在催化剂床层间安装换热器，利用换热介质将上一段的反应气冷却或加热。

中间间接换热多段绝热反应器，因催化剂分成若干层，层与层间设有换热器，故具有催化剂床层的温度波动较小的优点。该类反应器的缺点是结构较复杂，设备费用高，反应器内体积利用率较低，催化剂装卸较困难。

2. 冷激式多段绝热式固定床反应器

直接冷激式，即直接将冷激剂通入两层催化剂床层间。直接冷激式固定床反应器，用于放热反应系统，它是将低温的冷激剂直接喷到需要冷却的气体中，达到冷却降温的目的。其工艺流程，如图 3-14 所示，设备的结构如图 3-15 所示。根据通入冷激剂的不同，冷激式又有原料气冷激和非原料气冷激两种。在氨合成等过程中广泛应用了多段冷激式绝热床催化反应器。

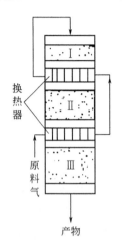

图 3-13　段间换热式多段
绝热式固定床催化反应器

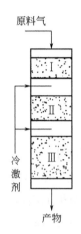

图 3-14　冷激式多段绝热式
固定床反应器

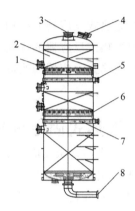

图 3-15　多段绝热固定床反应器
1—人孔（催化剂卸料）；2—催化剂床
层；3—反应气入口；4—人孔（催化剂
装料）；5—冷激气入口；6—栅板；7—冷
激气分配器；8—反应气出口

冷激式多段绝热反应器的优缺点与中间间接热多段绝热反应器相比，反应器内不再设置换热器，结构简单，反应器内体积利用率较高，设备费用较低，便于装卸催化剂，催化剂床层的温度波动较小。该类反应器的缺点是操作要求较高，主要适用于放热反应，可作为大型催化反应器。

任务评价

（1）填空题

① 单段绝热式固定床反应器，一般为一_____不大的圆筒体。

② 多段绝热床是将固体催化剂分成几段装填到反应器中，在段与段之间进行换热，将反应混合物冷却或加热，这样每段实现的转化率都不太高，可以避免进出口温差_____、超过允许范围。

（2）选择题

① 下列不是单段绝热式固定床反应器优点的是_____。

A. 温度变化小　　　B. 结构简单　　　C. 造价便宜　　　D. 生产能力大

② 下列是中间间接换热多段绝热式固定床反应器优点的是_____。

A. 温度变化小　　　B. 结构简单　　　C. 造价便宜　　　D. 生产能力大

③ 下列不是冷激式多段绝热式固定床反应器优点的是_____。

A. 温度变化小　　　　　　　　　B. 结构简单

C. 反应器内体积利用率高　　　　D. 操作要求较高

请绘制一张单段绝热式固定床反应器与多段绝热式固定床反应器的优缺点对照表。

任务四　操作气固相固定床反应器系统

 单元一 进行固定床反应器装置系统的实操训练

任务目标

- 能做好固定床反应器装置开车前准备
- 能按规范进行固定床反应操作，并按质按量得到反应产物
- 能按规范进行固定床反应器装置正常停车操作

任务指导

本次技能训练在乙苯脱氢实训室装置内进行。

一、做好乙苯脱氢反应器装置开车前的准备工作

乙苯脱氢反应器装置，如图 3-12 所示。

（1）原料　原料主要有乙苯和蒸馏水两种。乙苯约准备 100mL，置于乙苯蠕动泵旁边；蒸馏水约准备 500mL，置于蒸馏水蠕动泵旁边。

（2）检查　由相关操作人员组成装置检查小组，对本装置所有设备、管线、阀门、电气、仪表、保温等按工艺流程图进行检查。检查密封性，确保不漏气。检查整个装置的工艺物料气路是否畅通。用兆欧表检查反应管与电加热丝的绝缘性，确保绝缘电阻大于 20MΩ，否则应更换绝缘材料并重装反应器。

（3）试水　打开冷却水阀，检查冷却水是否正常。

（4）试电　确保控制柜上所有开关均处于关闭状态，检查外部供电系统是否正常。开装置进电总电源开关，开仪表电源开关，开启无纸记录仪，查看所有仪表是否上电、指示是否正常。

（5）检查气密性　关闭装置出气阀及各物料进料阀，开压缩空气进反应器阀门，通入空气，将系统压力升至 500mmH_2O 正压，停止压缩空气，保压 10min，若系统压力下降小于 20mmH_2O，则视为基本不漏气。

二、乙苯脱氢反应器装置开车、正常运行并按质按量得到反应产物

1. 升温操作

① 关空气进口阀，开系统出气阀，保证气路畅通。

② 确认接通电源，开启反应器的预热段、反应段加热电源开关，分别通过预热段、加热段温度数显仪表调节预热段、加热段两段加热电压，逐步升温。

2. 投料

① 当预热段温度达到 300℃，反应段温度达到 400℃时，打开冷却水进、出口阀。

② 启动蒸馏水蠕动泵，开始向反应器内加蒸馏水，并校正其流量为 0.75mL/min。

③ 启动乙苯蠕动泵，开始向反应器内加乙苯，并校正其流量为 0.50mL/min。

3. 正常运行

① 继续提升预热段温度和反应段温度，使预热段温度达到 500℃，并使其稳定在 500℃。

② 使反应段温度升至 520℃，并稳定 10min 后，开始收集气液分离器中的产品，同时计时 30min，并记录操作数据，每 10min 记录一次。稳定操作半小时后，停止收集气液分离器中的产品。

③ 在原料配比不变的情况下，通过改变温度数显控制仪的设定值，使预热段温度不变，反应段温度依次控制在 540℃、560℃、580℃、600℃等温度点上，分别先稳定操作 10min 后，开始收集气液分离器中的产品，同时计时 30min，并记录操作数据，每 10min 记录一次。稳定操作半小时后，停止收集气液分离器中的产品。

④ 将每个温度点得到的产品进行油水分离后，对产品进行色谱分析。

三、乙苯脱氢反应器装置的正常停车

反应结束，停乙苯蠕动泵，停原料乙苯，但反应段温度维持在 500℃左右，继续通蒸馏水，进行催化剂的清焦再生，约半小时后停止通水，并降温。

任务评价

检查工艺卡片上数据记录或工艺参数。

工艺卡片

反应设备 工艺卡片	训练班级	训练场地	学时	指导教师
			6	
训练任务	进行固定床反应器装置系统的实操训练			
训练内容	做好固定床反应器装置开车前准备；按规范进行固定床反应操作，并按质按量得到反应产物；按规范进行固定床反应器装置正常停车操作			
设备与工具	固定床反应器装置，蠕动泵			

序号	工序	操作步骤	要点提示	数据记录或工艺参数
第一阶段：乙苯脱氢反应器装置开车前准备				
1	认识乙苯脱氢反应装置的工艺流程	①对照工艺流程图，识读乙苯脱氢实验室装置的工艺流程。②辨析装置中设备、阀门	①寻找管路。②寻找设备、阀门	
2	认识乙苯脱氢反应装置的控制方案	①使用预热段加热温度控制仪表及反应段加热温度控制仪表。②掌握蒸馏水流量控制方法，将蠕动泵转速与流量对照表	练习控制仪表的使用、蠕动泵的使用	

序号	工序	操作步骤	要点提示	数据记录或工艺参数
3	做好乙苯脱氢反应器装置开车前的准备工作	①乙苯约准备100mL,蒸馏水约准备500mL,置于蠕动泵旁边。 ②按工艺流程图检查本装置所有设备、管线、阀门、电气、仪表、保温等。检查密封性,检查整个装置的工艺物料气路是否畅通。用兆欧表检查反应管与电加热丝的绝缘性。 ③检查冷却水是否正常。 ④检查外部供电系统是否正常。开装置进电总电源开关,开仪表电源开关查看所有仪表是否上电、指示是否正常。 ⑤关闭装置出气阀及各物料进料阀,开压缩空气进反应器阀门,通入空气,将系统压力升至500mmH₂O正压,停止压缩空气,保压10min,若系统压力下降小于20mmH₂O,则视为基本不漏气	①乙苯约准备100mL,蒸馏水约准备500mL。 ②依工艺流程图和专业技术要求进行检查	
第二阶段:按规范进行固定床反应操作,并按质按量得到反应产物				
1	升温操作	①关闭空气进口阀,开启系统出气阀,保证气路畅通。 ②确认接通电源,开启反应器的预热段、反应段加热电源开关,分别通过预热段、加热段温度数显仪表调节预热段、加热段两段加热电压,逐步升温	按操作规程	蒸馏水瓶液位(mm): 乙苯瓶液位(mm): 气液分离器液位(mm):
2	投料	①当预热段温度达到300℃,反应段温度达到400℃时,打开冷却水进、出口阀。 ②启动蒸馏水蠕动泵,开始向反应器内加蒸馏水,并校正其流量为0.75mL/min。 ③启动乙苯蠕动泵,开始向反应器内加乙苯,并校正其流量为0.50mL/min	按操作规程	蒸馏水投料时间: 乙苯投料时间: 蒸馏水瓶液位(mm): 乙苯瓶液位(mm): 气液分离器液位(mm):
3	正常运行	①提升预热段温度和反应段温度,使预热段温度达到500℃。 ②使反应段温度升至520℃,并稳定10min后,收集产品,同时计时30min,并记录操作数据,每10min记录一次。稳定操作半小时后,停止收集产品。 ③在原料配比不变的情况下,反应段温度分步控制在540℃、560℃、580℃、600℃等温度点上,分别先稳定操作10min后,开始收集产品,同时计时30min并记录操作数据,每10min记录一次。稳定操作半小时后,停止收集产品。 ④将每个温度点得到的产品进行油水分离后,进行产品分析	按操作规程	

	时间					
	蒸馏水蠕动泵转速挡位					
	蒸馏水流量/(mL/min)					
	乙苯蠕动泵转速挡位					
工艺参数记录	乙苯流量/(mL/min)					
	预热段温度/℃					
	反应段温度/℃					
	蒸馏水瓶液位/mm					
	乙苯瓶液位/mm					
	气液分离器液位/mm					
	空气流量计/(L/h)					
产品分析数据处理	反应段温度/℃	520	540	560	580	600
	油相质量/g					
	油相中苯乙烯含量/%					
	苯乙烯产量/g					
	乙苯消耗量/g					
	产率/%					

第三阶段:乙苯脱氢反应器装置正常停车

乙苯脱氢反应器装置正常停车	反应结束,停乙苯蠕动泵,停原料乙苯,但反应段温度维持在 500℃ 左右,继续通蒸馏水,进行催化剂的清焦再生,约半小时后停止通水蒸气,并降温	按操作规程	

课外训练

对照乙苯脱氢反应器装置,画出工艺流程草图。

单元二 进行固定床反应器的仿真操作

任务目标

- 能识读固定床反应器装置系统的工艺流程图
- 能进行固定床反应器装置系统(仿真)的冷态开车
- 能进行固定床反应器装置系统(仿真)的正常停车
- 能辨析固定床反应器装置系统运行中的事故并进行处理

任务指导

一、认识固定床反应器装置(仿真)系统的工艺流程

固定床反应器装置(仿真)系统的工艺流程,如图 3-16 所示。该装置包括 1 台

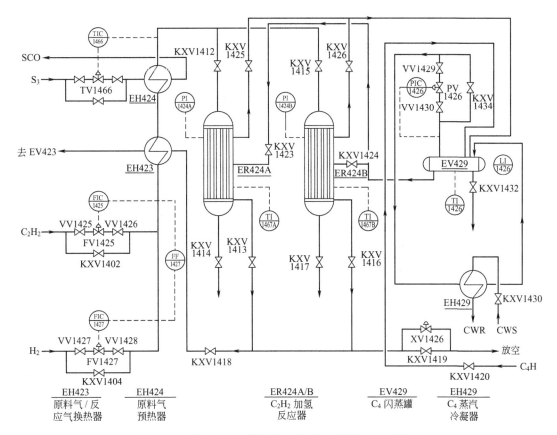

图 3-16 固定床反应器装置（仿真）系统的工艺流程图

原料气/反应气换热器（用于原料气与反应之后反应气进行换热，回收热量），1 台原料气预热器（采用 S_3 蒸汽对原料气进行预热），2 台乙炔加氢固定床反应器（列管式固定床反应器，采用丁烷为冷却剂，控制固定床催化剂层温度）；1 台 C_4 闪蒸罐（用于回收气态丁烷，贮存液态丁烷），1 台 C_4 蒸汽冷凝器（用冷却水将气态丁烷冷凝成液态丁烷）。

　　主要仪表设备有如下几种。对原料乙炔（实际是以乙烯为主，含有少量乙炔的气体）、氢气流量进行自动控制，同时两者之间还能进行比值控制，即根据乙炔的流量，按一定的比例适当调整氢气的流量。原料气的温度自动控制 TIC1466；C_4 闪蒸罐压力自动控制 PIC1426。此外还有两台乙炔加氢反应器的压力、床层温度、C_4 闪蒸罐的温度和液位均设置为自动检测。

　　（1）反应任务　在列管式固定床反应器内，对乙烯气体中少量的乙炔进行选择催化加氢，以脱除乙炔。

　　（2）反应原料　参与化学反应的原料有两种，一种是以乙烯为主要成分的气体，其中还含有乙烷、乙炔、丙烯、丙烷、丙炔、甲烷等组分；另一种是氢气，其中含有部分甲烷。液态丁烷作为冷却剂也引入系统中，用于在固定床内蒸发移除反应热，丁烷蒸汽通过冷却水冷凝。

　　（3）反应原理　利用催化剂的选择性加氢特性，主要对原料气中的炔烃进行选择性加氢，而对原料气中的烯烃不进行加氢。主反应为：

$$nC_2H_2 + 2nH_2 \longrightarrow (C_2H_6)_n$$
$$（乙炔） \qquad （氢气） \qquad （乙烷）$$

该反应是放热反应。每克乙炔反应后放出热量约为 142000kJ。温度超过 66℃时有副反应，副反应为：

$$2nC_2H_4 \longrightarrow (C_4H_8)_n$$
$$（乙烯） \qquad （丁烯）$$

该反应也是放热反应。

(4) 工艺流程　反应原料有两种，一种为约-15℃的以 C_2 为主的原料烃，进料量由流量控制器 FIC1425 控制；另一种为 H_2 与 CH_4 的混合气，温度约 10℃，进料量由流量控制器 FIC1427 控制。FIC1425 与 FIC1427 通过 FF1427 进行比值控制，两股原料按一定比例在管线中混合后经原料气/反应气换热器（EH423）进行预热，再经原料预热器（EH424）预热到 38℃，进入固定床反应器（ER424A/B），固定床反应器有两台，一台使用，另一台备用。预热温度由温度控制器 TIC1466 通过调节预热器 EH424 加热蒸汽（S3）的流量来控制。

在固定床反应器 ER424A/B，反应原料混合气在 2.523MPa、44℃下反应生成 C_2H_6。当反应温度过高时会发生 C_2H_4 聚合生成 C_4H_8 的副反应。反应器中的热量由反应器壳侧循环的加压 C_4 冷剂蒸发带走。C_4 蒸汽在水冷器 EH429 中由冷却水冷凝，而 C_4 冷剂的压力由压力控制器 PIC1426 通过调节 C_4 蒸汽冷凝回流量来控制，从而保持 C_4 冷剂的温度。其工艺流程如图 3-16 所示。

(5) 联锁与保护　当反应温度 TI1467A/B>66℃时，处于事故状态，如联锁开关处于"on"的状态，联锁启动（将紧急停车开关设为"on"时，也将启动联锁）——关闭氢气进料，FIC1427 设为手动；关闭加热器 EH-424 蒸汽进料，TIC1466 设为手动；闪蒸器冷凝回流控制 PIC1426 设为手动，开度为 100％；自动打开电磁阀 XV1426。

二、固定床反应器装置（仿真）系统冷态开车

冷态开车操作范围包括给闪蒸器 EV429 充丁烷、反应器 EV424 充丁烷、反应器 EV424 启动准备、反应器 EV424 充压实气置换、反应器 EV424 配氢等过程。

固定床反应器装置（仿真）系统冷态开车中提供：【固定床 DCS 图】（如图 3-17 所示），【固定床现场图】（如图 3-18 所示），【固定床组分分析】等三个画面。

开车前检查装置开工状态——反应器和闪蒸罐都处于已进行过氮气冲压置换后，保压在 0.03MPa 的状态。

(1) EV429 闪蒸器充丁烷

① 确定 C_4 闪蒸罐 EV429 的状态。在【固定床 DCS 图】中确认 C_4 闪蒸罐 EV429 压力 PIC1426 为 0.03MPa。

② 打开调节阀 PV1426 开度至 50％。【固定床现场图】中打开 EV429 回流阀 PV1426 的前阀 VV1429、后阀 VV1430；【固定床 DCS 图】中调节 PV1426 开度为 50％。

③ 向 C_4 蒸汽冷凝器 EH429 通冷却水。【固定床现场图】中打开 C_4 蒸汽冷凝器 EH429 进水阀 KXV1430，开度为 50％。

④ C_4 闪蒸罐 EV429 充丁烷冷剂至 50％液位。【固定床现场图】中打开丁烷进料阀门 KXV1420，开度为 50％；注意观察 C_4 闪蒸罐 EV429 内液位 LI1426。当液位 LI1426 接近

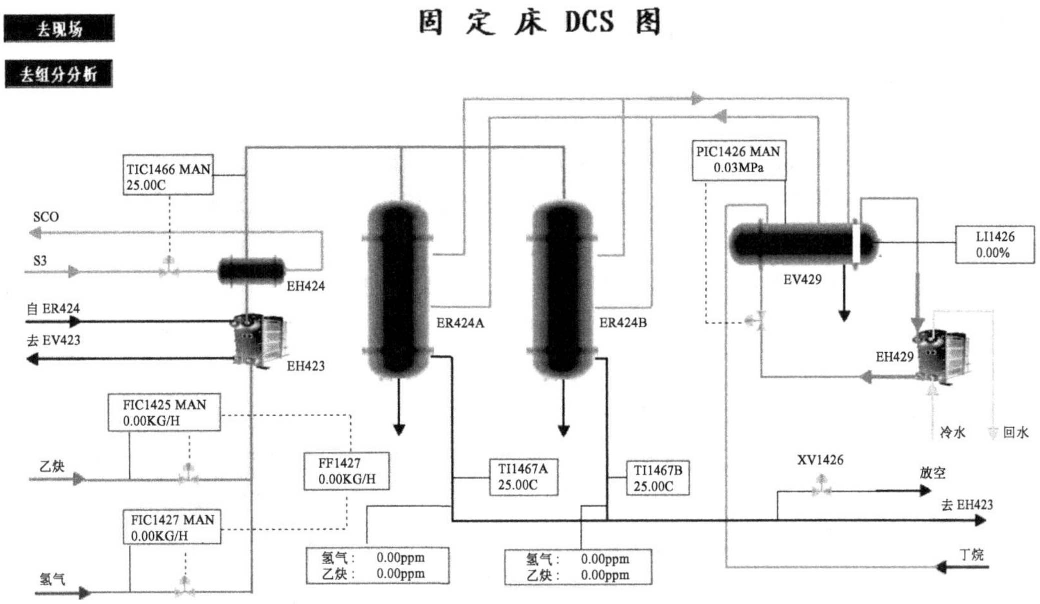

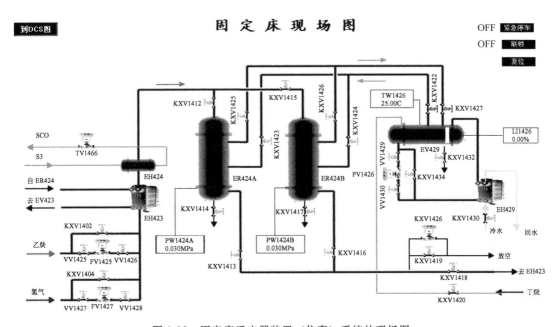

固定床 DCS 图

图 3-17　固定床反应器装置（仿真）系统 DCS 图

固定床现场图

图 3-18　固定床反应器装置（仿真）系统的现场图

50％时，将丁烷进料阀门 KXV1420 逐渐关小，当液位 LI1426 达到 50％时，关闭丁烷进料阀门 KXV1420。

（2）C_2H_2 加氢固定床反应器 ER424A/B 充丁烷

① 确定 C_4 闪蒸罐 EV429 及 C_2H_2 加氢固定床反应器 ER424A/B 的状态。在【固定床现场图】中确定 C_2H_2 加氢固定床反应器 ER424A/B 的压力 PW1424A/B 达到 0.03MPa；C_4 闪蒸罐 EV429 液位 LI1426 达到 50％。

② 将丁烷冷剂引入 C_2H_2 加氢固定床反应器 ER424A/B 内。在【固定床现场图】中打开丁烷冷剂，进 C_2H_2 加氢固定床反应器 ER424A 壳层的阀门 KXV1423，有液体流过，充液结束；同时打开出 ER424A 壳层的阀门 KXV1425。

（3）固定床反应器 ER424A 启动前的准备工作

① 确认 C_2H_2 加氢反应器 ER424A 壳层有冷剂丁烷流过。

② 开启原料气预热器 EH424。【固定床 DCS 图】中打开 S3 蒸汽进料控制 TIC1466，开度为 30%。

③ 开启 C_4 闪蒸罐 EV429。在【固定床 DCS 图】中手动调节 PV1426，使 C_4 闪蒸罐 EV429 压力稳定在 0.4MPa 后，将 C_4 闪蒸罐 EV429 压力控制器 PIC1426 投自动，设定值为 0.4MPa。

（4）固定床反应器 ER424A 的充压、实气置换

① 开启进固定床反应 ER424A 管线。在【固定床现场图】中打开 C_2H_2 进料调节阀 FV1425 的前后阀 VV1425、VV1426 和进固定床反应 ER424A 的阀门 KXV1412。

② 开启出固定床反应 ER424A 的管线。在【固定床现场图】中打开固定床反应器 ER424A 的去原料气/反应气换热器 EH423 的阀门 KXV1418，开度为 50%。

③ 充压置换。在【固定床现场图】中微开 ER424A 出料阀 KXV1413，在【固定床 DCS 图】中手动调节 FV1425，缓慢增加 C_2H_2 进料流量，提高固定床反应器 ER424A 的压力，充压至 2.523MPa。

④ 建立 ER424A 进出气体平衡。在【固定床现场图】中逐渐打开固定床反应器 ER424A 出料阀 KXV1413 至 50%，充压至压力平衡。此处注意，在压力达到 2.523MPa 之前，就要逐渐开大。

⑤ 稳定乙炔气体流量。在【固定床现场图】中手动调节 FV1425，使乙炔气体流量稳定在 56186.8kg/h 左右，在【固定床 DCS 图】中将乙炔气体流量控制器 FIC1425 投自动，设定值为 56186.8kg/h。

（5）固定床反应器 ER424A 配氢

① 调节原料气预热器 EH424 稳定。在【固定床 DCS 图】中缓慢调节 TV1466 阀门，向原料气预热器 EH424 引入 S3 蒸汽，加热乙炔气体，使固定床反应器 ER424A 入口温度 TIC1466 稳定在 38.0℃±1℃范围内，将固定床反应器 ER424A 入口温度控制器 TIC1466 投自动，设定值为 38℃。

② 固定床反应器 ER424A 配氢准备。当固定床反应器 ER424A 温度接近 38.0℃（超过 32.0℃）时，准备配氢。在【固定床现场图】中打开氢气流量调节阀 FV1427 的前阀 VV1427、后阀 VV1428。

③ 固定床反应器 ER424A 配氢。在【固定床 DCS 图】中手动逐渐打开氢气流量调节阀 FV1427，向固定床反应器 ER424A 引入氢气，要求开度每次增加不超过 5%，此时应注意调节原料气预热器的 S3 蒸汽流量，保证进入固定床反应器 ER424A 内的气体能稳定在 38.0℃±1℃范围内。当氢气流量达到 80kg/h 时，将氢气流量控制器 FIC1427 投自动，设定值为 80kg/h，注意观察反应器温度变化。

④ 提升氢气引入量。在【固定床 DCS 图】中观察，当氢气流量在 80kg/h 下稳定 2min 后，将氢气流量控制器 FIC1427 改投手动；逐渐开大氢气流量调节阀 FV1427，每次增加不

超过 5%，此时同样应注意调节原料气预热器的 S3 蒸汽流量，保证进入固定床反应器 ER424A 内的气体能稳定在 38.0℃±1℃ 范围内。

⑤ 固定床反应器的稳定控制。氢气流量最终加至 200kg/h 左右时，此时 $H_2/C_2=2.0$，在【固定床 DCS 图】中，氢气流量控制器 FIC1427 改投串级。

⑥ 控制反应器温度在 44.0℃ 左右。

三、固定床反应器装置（仿真）系统正常停车

固定床反应器装置（仿真）系统正常停车是因生产需要、检修需要时间而进行的，操作范围包括关闭氢气进料阀、关闭原料预热器 EH424 蒸汽进料阀 TIC1466、全开闪蒸器压力调节阀 PV1426、逐渐关闭乙炔进料阀 FV1425、逐渐开大 EH429 冷却水进水阀 KXV1430 等过程。

（1）关闭氢气进料阀

① 停止氢气进料。在【固定床 DCS 图】中将氢气流量控制器 FIC1427 投为手动，逐渐关小氢气流量调节阀 FV1427，至完全关闭，停 H_2 进料。

② 关闭氢气进料相关阀门。在【固定床现场图】中关闭氢气流量调节阀 FV1427 的前阀 VV1427、后阀 VV1428。

（2）关闭原料预热器 EH424 蒸汽进料阀 TIC1466

在【固定床 DCS 图】中将原料预热器 EH424 蒸汽流量控制器 TIC1466 投入手动，并关闭 TV1466 阀门。

（3）全开闪蒸器压力调节阀 PV1426

在【固定床 DCS 图】中将 C_4 闪蒸罐 EV429 压力控制器 PIC1426 投入手动，并全开 PV1426 阀门。

（4）逐渐关闭乙炔进料阀 FV1425

① 停止乙炔进料。在【固定床 DCS 图】中将乙炔流量控制器 FIC1425 投为手动，逐渐关小乙炔流量调节阀 FV1425，至完全关闭，停乙炔进料。

② 关闭乙炔进料相关阀门。在【固定床现场图】中关闭乙炔流量调节阀 FV1425 的前阀 VV1425、后阀 VV1426。

（5）逐渐开大 EH429 冷却水进水阀 KXV1430

逐渐开大 C_4 蒸汽冷凝器 EH429 冷却水进水阀 KXV1430 至开度 100%，逐渐降低反应器和闪蒸器温度、压力至常温、常压。

四、固定床反应器装置（仿真）系统运行中的事故及其处理

固定床反应器装置（仿真）系统运行中的事故及处理步骤，如表 3-2 所示。

表 3-2　固定床反应装置常见事故、原因、现象及处理步骤

事故名称	产生原因	现象	处理步骤
氢气进料阀卡住	氢气进料阀卡在 20%	氢气量无法自动调节	降低 EH429 冷却水的量，用旁路阀 KXV1404 手工调节氢气量
预热器 EH424 阀卡住	预热器 EH424 阀门 TV1466 卡在 70%	换热器出口温度超高	增加 EH429 冷却水的量，减少配氢量
闪蒸罐压力调节阀卡	闪蒸罐压力调节阀卡在 20%	闪蒸罐压力，温度超高	增加 EH429 冷却水的量，用旁路阀 KXV1434 手工调节
反应器漏气	KXV1414 卡在 10% 处，反应器泄漏	反应器压力迅速降低	按停车处理

事故名称	产生原因	现象	处理步骤
EH429 冷却水进水阀卡住	KXV30 卡在 10％处	闪蒸罐压力、温度超高	按停车处理
反应器超温	KXV22 卡在 0％处	反应器温度超高，会引发乙烯聚合的副反应	增加 EH429 冷却水的量

任务评价

采用培训方式安排仿真训练。训练结果通过仿真软件的智能评分系统得到反映，将智能评分系统的结果填入工艺卡片。教师站的评分记录系统能集中评价所有学生的训练结果。

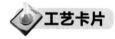 工艺卡片

反应设备 工艺卡片	训练班级	训练场地	学时	指导教师
			6	
训练任务	进行固定床反应器仿真操作			
训练内容	认识固定床反应器装置（仿真）系统的工艺流程，进行固定床反应器装置（仿真）系统的冷态开车，进行固定床反应器装置系统运行中事故处理（氢气进料阀卡住、预热器 EH424 阀卡住）			
设备与工具	化工单元仿真软件			

序号	工序	操作步骤	要点提示	数据记录或工艺参数
1	认识固定床反应器装置（仿真）系统的工艺流程	①对照工艺流程图，识读固定床反应器装置（仿真）系统的工艺流程。 ②辨析装置中设备、阀门、仪表、调节系统	①寻找管路。 ②寻找设备、阀门、仪表、调节系统	
2	冷态开车	①给闪蒸器 EV429 充丁烷 ②反应器 EV424 充丁烷 ③反应器 EV424 启动准备 ④反应器 EV424 充压实气置换 ⑤反应器 EV424 配氢	在仿真软件上进行	仿真成绩：
3	事故处理	氢气进料阀卡住	在仿真软件上进行	仿真成绩：
		预热器 EH424 阀卡住		仿真成绩：

课外训练

请查阅丁烷在不同温度下的饱和蒸气压，本仿真中为什么选丁烷为冷剂？

 拓展单元 气固相固定床反应器的操作规程

任务目标

- 了解开车前的准备
- 掌握正常开车
- 掌握正常停车
- 了解紧急停车

以均苯四甲酸二酐氧化工段装置为例进行介绍。

一、认识均苯四甲酸二酐氧化工段装置系统的工艺流程

均苯四甲酸二酐（PMDA），简称均酐。均苯四甲酸二酐生产工艺包括五个工段，其中氧化工段、水解工段、精制工段为主要工段，干燥工段、浓缩工段为辅助工段。本节内容只介绍氧化工段。

（1）反应任务　在固定床氧化反应器内，均四甲苯氧化生成均苯四甲酸二酐。

主反应：

$$\text{（均四甲苯）} \quad \text{（氧气）} \quad \xrightarrow{\text{催化剂}} \quad \text{（均苯四甲酸二酐）} \quad \text{（水）}$$

H$_3$C—……—CH$_3$ + 6O$_2$ → …… + 6H$_2$O

（均四甲苯）　　（氧气）　　　　　（均苯四甲酸二酐）　（水）

副反应：

H$_3$C—……—CH$_3$ + 6O$_2$ $\xrightarrow{\text{高温}}$ …… + 4H$_2$O

（均四甲苯）　　（氧气）　　　　　（均苯四甲酸）　（水）

（2）主要设备　均苯四甲酸二酐氧化工段装置系统的工艺流程，如图 3-19 所示。氧化工段包括氧化单元过程、换热单元操作和捕集系统。该工段装置包括 1 台氧化反应器（用于均四甲苯氧化生成均苯四甲酸二酐），一台熔盐冷却器，一台汽化器，两台换热器，一台空气预热器，两套捕集器（每套捕集器包括四台捕食器，一套使用，一套备用，用于捕集反应生成的均酐），水洗塔、水洗池各一台，化料槽一台，计量罐一台，计量泵一台，熔盐槽一台，罗茨风机一台，缓冲罐一台，热管换热器一台。

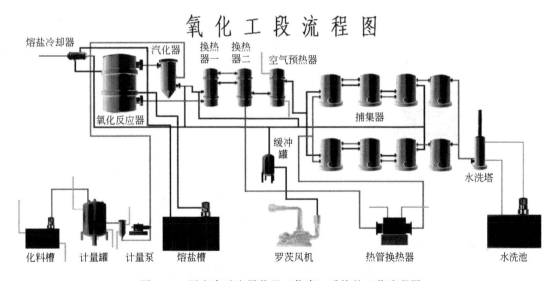

图 3-19　固定床反应器装置（仿真）系统的工艺流程图

（3）工艺流程　固体的均四甲苯在化料槽内加热熔化，计量槽计量后，由计量泵泵入汽化器与热空气混合汽化，均四甲苯气相浓度为 $10 \sim 15\text{g/m}^3$，汽化器温度高于 $180℃$，进入

固定床催化氧化反应器，于430～450℃下反应，生成均酐及副产物，反应热由熔盐槽来的熔盐（熔盐出氧化反应器后，进入熔盐冷却器，用空气降温再回熔盐槽）导出，熔盐温度在380～390℃；反应产物气体经一级、二级换热器冷却和热管换热器冷却，降至180℃后，进入四级捕集器逐级捕集，得到一捕/二捕/三捕粗均酐产品和四捕物料，尾气进入水洗塔经水洗放空，一捕/二捕/三捕粗均酐产品分别水解，四捕物料返回氧化单元过程。

（4）联锁与保护　氧化工段共有九处联锁保护，分别是：①熔盐泵冷却水压力低，熔盐泵停机；②熔盐泵出口压力低，计量泵停机；③罗茨鼓风机冷却水压力低，罗茨鼓风机电动机停机；④熔盐泵出口无流量，停熔盐泵、罗茨风机；⑤罗茨风机停，停计量泵；⑥汽化器温度高，停罗茨风机；⑦反应器温度 T108 高于 480℃，停计量泵；⑧当液位低于下限时，输送泵自动加料，到达上限时输送泵自动关闭，停止加料；⑨当液位低于下限时，电磁阀自动加水，到达上限时电磁阀自动关闭，停止加水。

二、均苯四甲酸二酐氧化工段装置系统冷态开车

1. 均苯四甲酸二酐氧化工段装置系统开车前准备

均苯四甲酸二酐氧化工段装置系统控制室内，监控计算机中提供的 DCS 画面有：【氧化工段流程图】（如图 3-19 所示）；【备料和计量系统】（如图 3-20 所示），【反应器系统】（如图 3-21 所示），【捕集器】（如图 3-22 所示），【空气系统】（如图 3-23 所示），【熔盐系统】（如图 3-24 所示），【监控数据】等七个画面。

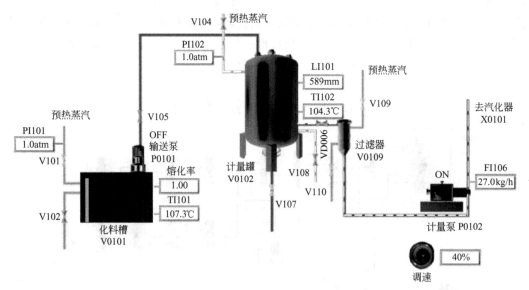

图 3-20　均苯四甲酸二酐氧化工段的备料和计量系统

2. 均苯四甲酸二酐氧化工段装置系统冷态开车

冷态开车操作范围包括开车前准备工作、熔盐的熔化和升温、反应器的预热、催化剂活化、均四甲苯标定化料、投料等过程。

（1）开车前准备工作　开车前，往往是设备经过检修等工作，因此要进行详细的检查。检查内容包括：所属设备是否检修完毕、安装就位，各电器、仪表是否完好，处于备用状

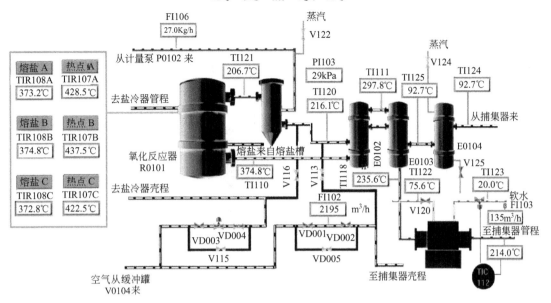

图 3-21　均苯四甲酸二酐氧化工段反应器系统

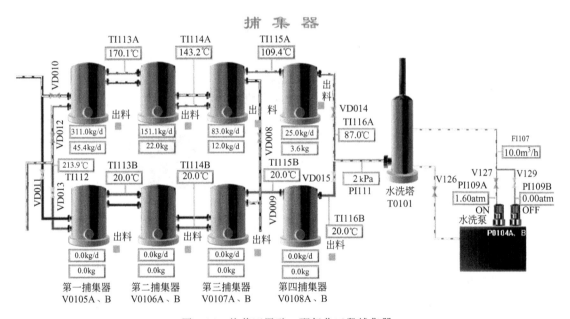

图 3-22　均苯四甲酸二酐氧化工段捕集器

态。确认蒸汽、冷却水等公用工程系统已开启，并到界区外。

（2）熔盐的熔化和升温

① 向熔盐槽中加料。通知现场操作人员，确认熔盐槽内熔盐的数量，若不足，则补加熔盐。

② 开熔盐槽加热棒给熔盐加热。在【熔盐系统】中依次点击 V0103A、V0103B、TIC103 下面的粉红色开按钮，并将 TIC103 的 SV 值设为 350℃，开启三组电加热棒给盐进行加热。将熔盐温度升至 350℃。当温度接近 350℃时，单击 V0103A、V0103B 下面的绿色

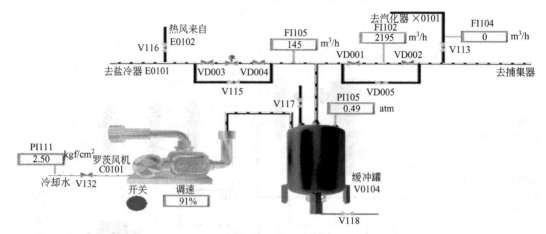

图 3-23　均苯四甲酸二酐氧化工段的空气系统

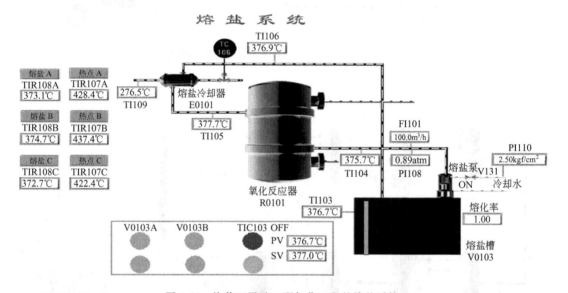

图 3-24　均苯四甲酸二酐氧化工段的熔盐系统

"关"按钮，关闭两组电加热棒，以 TIC103 温度调节器维持熔盐槽温度稳定在 350℃。与现场操作人员确认熔盐槽现场温度达到 350℃。

（3）反应器的预热

① 开捕集系统空气管线阀门。在【捕集器】中开启空气管线阀门 VD008、VD010。

② 开捕集系统反应气管线阀门。在【捕集器】中打开反应器管线阀门 VD012、VD014。

③ 投用进捕集系统空气流量计 FI102。通知现场操作人员，将空气流量计 FI102 的前后阀门 VD001、VD002 打开。

④ 开启罗茨风机，并调节风量。通知现场操作人员开罗茨风机冷却水阀，在【空气系统】中启动风机，将空气流量计 FI102 调至 1000m³/h。

⑤ 启动空气预热器，加热空气。在【反应器系统】中，将空气预热器 E0104 蒸汽阀 V124 置于全开，冷凝水阀 V125 置于半开。将热空气预热反应器床层温度升至 100℃，并进

行保温。

⑥ 建立熔盐循环。当【反应器系统】中反应器床层温度达到100℃后，关闭空气预热器E0104蒸汽阀V124、冷凝水阀V125，停罗茨风机。通知现场操作人员开启熔盐泵冷却水阀V131。启动熔盐泵，建立熔盐循环。

（4）催化剂活化

① 熔盐槽继续升温。启动熔盐泵，建立熔盐循环后，熔盐槽温度会有所降低。在【熔盐系统】中依次点击V0103A、V0103B下面的粉红色"开"按钮，开启两组电加热棒给熔盐进行加热，并将TIC103的SV值设为460℃。当熔盐温度接近450℃时，单击V0103A、V0103B下面的绿色"关"按钮，关闭两组电加热棒，以TIC103温度调节器维持熔盐槽温度稳定在450℃。

② 催化剂活化。通知现场操作人员确认罗茨风机冷却水阀V132已经打开，在【空气系统】中启动风机，调节调速开度，将空气流量计FI102调至1200m³/h。维持床层温度为450℃，空气流量在1200m³/h下进行活化6～8h，活化结束，在【熔盐系统】中将TIC103的SV值设为400℃，使熔盐温度缓慢降至400℃左右，开始备料。

（5）均四甲苯标定化料

① 向化料槽加料。通知现场操作人员，向均四甲苯化料槽V0101投入一定数量的均四甲苯。

② 开启化料槽加热。通知现场操作人员，开启化料槽的蒸汽回水阀门V102及蒸汽阀门V101的前后截止阀。在【备料与计量系统】中打开化料槽的蒸汽阀门V101，开度为100%，给化料槽加热。物料于79℃开始熔化，完全熔化后升温并保持100～110℃。

③ 预热计量罐、过滤罐。通知现场操作人员，依次开启计量罐回水阀V108、过滤罐回水阀V110。在【备料与计量系统】中打开计量罐的蒸汽阀门V104，给计量罐加热。打开过滤罐的蒸汽阀门V109，给过滤罐加热。

④ 送料。在【备料与计量系统】中开均四甲苯输送泵P0101，开启输送泵出口阀V105，将液体均四甲苯送入计量罐，至液位1000mm（计量罐的液位最大值1300mm）停止送液，低于300mm则开均四甲苯输送泵P0101补充。开计量罐后出料阀VD006；开计量泵P0102，改变计量泵"调速"值来调节均四甲苯输送流量。

（6）投料

① 调节热管换热器。为防止热管的翅片上出现均酐的凝结现象，在【反应器系统】中将热管换热器出口温度控制仪表TIC112投为自动，设定值为205℃。

② 开启水洗塔。通知现场操作人员，启动水洗泵P0104A，全开水洗泵P0104A出口阀V127和水洗塔出料阀V126。

③ 调节罗茨风机。在【空气系统】中，改变罗茨风机"调速"开度，使空气流量达到1400m³/h。

④ 投料。在【备料与计量系统】中，开均四甲苯计量泵P0102，并通过调节计量泵"调速"改变均四甲苯输送流量。

⑤ 熔盐冷却器投用。通知现场操作人员开启熔盐冷却器空气支路上调节阀前后的截止阀VD003和VD004。在【空气系统】中，将熔盐出熔盐冷却器的温度调节器TC106投为自动，并将其设定值设为377℃，自动调节熔盐出熔盐冷却器的温度。

⑥ 提高投料速度。在【备料与计量系统】中，调节均四甲苯计量泵 P0102 调速器，使其流量缓慢升至 27kg/h 左右，并调整熔盐温度及风量至正常操作条件。

⑦ 操作质量指标。熔盐 B 温度为 370～380℃，热点 B 温度为 430～450℃；均四甲苯最大流量为 27kg/h 左右，对应空气流量（FI102）为 2200m³/h 左右。

三、均苯四甲酸二酐氧化工段装置系统正常停车

均苯四甲酸二酐氧化工段装置系统正常停车操作步骤如下：

① 在【备料与计量系统】中，将均四甲苯计量泵 P0102 调速器调至 0%，关闭均四甲苯计量泵，停止进料。

② 继续运转一会儿，当【反应器系统】中反应器热点温度低于 400℃时，在【空气系统】中关闭罗茨鼓风机 C0101。

③ 在【熔盐系统】中停熔盐泵，使反应器熔盐全部自流回熔盐槽。

④ 在【反应器系统】中关闭空气预热器蒸汽阀 V124，停止加热。

⑤ 当【捕集系统】中水洗塔入口压力 PI111 接近常压，通知现场操作人员停水洗泵 P0104A。

⑥ 为有利于下次开车，根据【反应器系统】中反应器温度，间歇开动熔盐泵，以保证反应温度不低于 200℃。

均苯四甲酸二酐氧化工段装置（仿真）系统的紧急停车操作步骤与正常停车相同。

课外训练

请列出均苯四甲酸二酐生产工艺中氧化工段的主要工艺参数。

 项目小结

1. 气固相固定床反应器，又称填充床反应器，是装填有固体催化剂或固体反应物，用以实现多相反应过程的一种反应器。固体物通常呈颗粒状，堆积成一定高度（或厚度）的床层。床层静止不动，流体通过床层进行反应。气固固定床反应器主要用于实现气固相催化反应，气固相固定床反应器按反应过程中是否与外界进行热量交换可以划分为两大类：绝热式和换热式。绝热式气固相固定床反应器在反应过程中，床层不与外界进行热量交换，其最外层为保温层，作用是防止热量的传入或传出，以减少能量损失，维持一定的操作条件并起到安全防护的作用。换热式固定床反应器在反应过程中，床层与外界发生热量交换，以维持床层的热量平衡，保持床层的温度稳定。换热式固定床反应器根据换热对象的不同，可分为对外换热式气固相固定床反应器和自热式气固相固定床反应器。

2. 催化剂又称触媒，它是在化学反应里能改变其他物质的化学反应速率，而本身的组成、质量和化学性质在化学反应前后都没有发生改变的物质。根据催化剂对化学反应速率影响的不同，催化剂可分为正催化剂和负催化剂。催化剂具有特殊的选择性。常见的固体催化剂主要由主催化剂、助催化剂和载体三大部分组成，当然还包括其他一些辅助成分。催化剂中毒是指原料气中极微量的杂质吸附在催化剂的活性位上，导致催化剂活性迅速下降甚至丧失的现象。导致催化剂中毒的物质，称为毒物。按照毒物的作用特性，催化剂的中毒过程可以分为可逆中毒、不可逆中毒

两种。催化剂的装填是一件有较强技术性的工作。装填的好坏对催化剂床层气流的均匀分布，降低床层阻力并有效地发挥催化剂的效能起重要作用。

3. 乙苯脱氢反应器装置包括1个气固相固定床反应器，2个XMA-5410智能温控仪面板，1个AX102无纸记录仪，2支可控硅。流量仪表有两种，一种是计量乙苯和蒸馏水流量的，采用蠕动泵转速计量，另一种是反应系统排出气体体积计量，采用湿式气体计量计计量。产品苯乙烯的液位，采用现场指示。AX102无纸记录仪一台。固定床反应器装置（仿真）系统包括一台原料气/反应气换热器（用于原料气与反应之后反应气进行换热，回收热量），一台原料气预热器（采用S3蒸汽对原料气进行预热），两台乙炔加氢固定床反应器（列管式固定床反应器，采用丁烷为冷却剂，控制固定床催化剂层温度）；一台C$_4$闪蒸罐（用于回收气态丁烷，贮存液态丁烷），一台C$_4$蒸汽冷凝器（用冷却水将气态丁烷冷凝成液态丁烷）。按规范进行冷态开车、正常停车操作。

4. 均苯四甲酸二酐氧化工段装置（仿真）系统的氧化工段包括氧化单元过程、换热单元操作和捕集系统。该工段装置包括一台氧化反应器（用于均四甲苯氧化生成均苯四甲酸二酐），一台熔盐冷却器，一台汽化器，两台换热器，一台空气预热器，两套捕集器（每套捕集器包括四台捕食器，一套使用，一套备用，用于捕集反应生成的均酐），水洗塔、水洗池各一台，化料槽一台，计量罐一台，计量泵一台，熔盐槽一台，罗茨风机一台，缓冲罐一台，热管换热器一台。按规范进行冷态开车、正常停车操作。

项目四

操作气固相流化床/移动床反应器

项目任务

知识目标

掌握气固相流化床/移动反应器的类型，了解气固相流化床/移动床反应器用催化剂的外形与性能，掌握气固流化床反应器的结构与特点。

能力目标

能辨析气固相流化床/移动床反应器的种类，能辨析气固相流化床/移动床反应器用催化剂的外观和床层状态，能操作气固相流化床/移动床反应器系统。

任务一　认识气固相流化床/移动床反应器

 单元一　气固相流化床/移动床反应器的类型

任务目标

- 了解气固相流化床/移动床反应器的概述
- 掌握气固相流化床/移动床反应器的类型
- 了解流化床反应器中固体颗粒按作用的分类

任务指导

一、气固相流化床/移动床反应器概述

流化床反应器是一种利用气体或液体通过颗粒状固体层而使固体颗粒处于悬浮运动状态，并进行气固相反应过程或液固相反应过程的反应器。在用于气固系统时，又称沸腾床反应器。流化床反应器，如图 4-1 所示。

流化床反应器是固体流态化技术在化工生产中的一项重要应用。流化床反应器内的固体物料可实现连续进料和出料，也可使固体物料不实现连续进料和出料。固体物料实现连续进料和出料的流化床反应器，通常被称为移动床反应器。

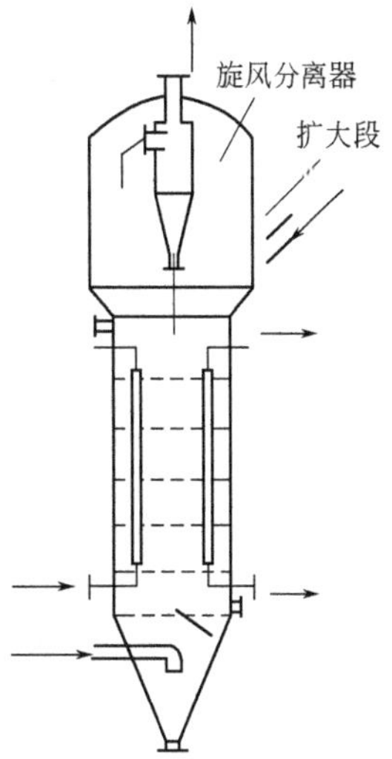

二、流化床/移动床反应器的类型

1. 流化床/移动床反应器的适用场合

一般流化床反应器适用于强放热的反应，要求有均一的催化反应温度并需要精确控制温度的反应；适用于催化剂使用寿命短、有爆炸危险的反应；适用于细粉颗粒和催化剂失活速率高的过程，便于进行催化剂的连续再生和循环操作。但对易碎的催化剂颗粒是不宜采用的。

图 4-1　流化床反应器示意图

2. 流化床/移动床反应器的类型

（1）按固体颗粒是否被催化分类　分催化过程和非催化过程。催化过程主要用于石油的催化裂化和合成反应，非催化过程如硫铁矿的焙烧、石灰石的焙烧等矿物加工过程。

（2）按固体颗粒是否在系统内循环分类　分为单器流化床和双器流化床。单器流化床在工业上应用最广，多用于催化剂使用寿命较长的气固催化反应过程，例如萘氧化制苯酐反应器，其结构如图 4-2 所示。双器流化床多用于催化剂使用寿命较短，容易再生的气固催化反应过程，如石油加工过程的催化裂化装置，其结构如图 4-3 所示。

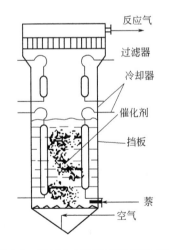

图 4-2　萘氧化制苯酐流化床反应器

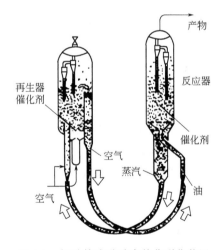

图 4-3　提升管式移动床催化裂化装置

（3）按反应器外形分类　分为圆筒形和圆锥形流化床，圆筒形流化床结构简单，圆锥形流化床结构较复杂，如图 4-4 所示。

（4）按反应器层数分类　分为单层流化床和多层流化床，如图 4-5 所示，为多层流化床焙烧石灰石反应器。

（5）按床层中是否设置内部构件分类　分为自由床和限制床。床中不设置内部构件的称为自由床，反之则为限制床。

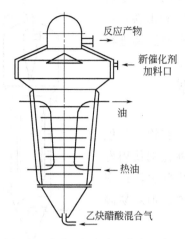

图 4-4　醋酸乙烯合成流化床反应器

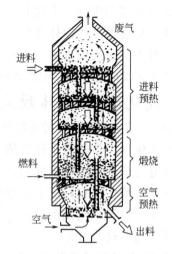

图 4-5　工业石灰石沸腾床煅烧炉

任务评价

（1）填空题

① 流化床反应器是一种利用_____通过颗粒状固体层而使固体颗粒处于悬浮运动状态，并进行气固相反应过程或液固相反应过程的反应器。

② 按固体颗粒是否被催化分类，流化床分_____过程和非催化过程。

（2）选择题

① 流化床反应器适用于_____的反应。

A. 强放热　　　　　B. 热效应小　　　　　C. 温度高　　　　　D. 温度低

② 石油加工的催化裂化装置属于_____流化床。

A. 双器　　　　　B. 单器　　　　　C. 多层　　　　　D. 不能判断

（3）判断题

① 流化床反应器内的固体物料不可实现连续进料和出料。（　　　）

② 流化床反应器是固体流态化技术在化工生产中的一项重要应用。（　　　）

（4）技能训练题

结合图 4-2～图 4-5，指出图中哪些是催化反应器，哪些是非催化反应器。

课外训练

课后到机房上互联网，在常用的搜索引擎中搜索"流化床反应器"图片，选出认为最好的三张进行下载。

 单元二　辨析气固相流化床/移动床反应器的类型

任务目标

- 能区别气固相流化床/移动床反应器的外形
- 能辨析流化床反应器与移动床反应器的类型

在配置的化工实训室，观察气固相流化床/移动床反应器装置。通过演示流化床反应器装置，根据空气流量的大小观察所看到的现象。

（1）思考题

① 流化床反应器上旋风分离器起什么作用？

② 流化床反应器与移动床反应器有何区别？

（2）技能训练题

① 根据化工实训室的装置，画出流化床反应器的外形草图。

② 针对化工实训室中装置，指出流化床反应器中的部件及名称。

到化工实训室观察流化床反应器实物，区别固定床反应器与流化床反应器。

任务二　熟悉流化床/移动床反应器用催化剂及再生方式

 单元一　流化床/移动床反应器用催化剂及再生方式

- 了解气固流化床/移动床反应器用催化剂的外形
- 了解流化床/移动床反应器用催化剂的性能
- 掌握移动床反应器中催化剂的再生方法
- 掌握大量气体流过床层的必要性

一、气固流化床/移动床反应器用催化剂外形

流化床反应器中一般采用细粒或微球形的催化剂。各种流化床反应器催化剂外观如图4-6所示。

气固相流化床催化反应器中的催化剂分为单器流化床催化剂（单器流化床在工业上应用广泛，催化剂使用寿命较长，如萘氧化制苯酐催化剂）；和双器流化床催化剂（这种催化剂使用寿命较短容易再生，如石油加工过程的催化裂化催化剂——分子筛）。

萘氧化制苯酐催化剂，外观为黄绿色不规则细颗粒，颗粒外形尺寸为 $48 \sim 370 \mu m$ ［大于 90%（质量分数）］。分子筛又称沸石催化剂，石油催化裂化用分子筛为粉末状晶体，有金属光泽，天然沸石有颜色，合成沸石为白色，分子筛形状如图4-7所示。

二、流化床/移动床反应器用催化剂性能

一种良好的催化剂必须具备高活性、高选择性、使用寿命长、机械强度高、热稳定性

图 4-6　流化床反应器催化剂的外观

图 4-7　分子筛外形图

好、抗毒能力强等性能。

催化剂的活性可通过反应转化率的高低来反映。新鲜催化剂的活性比较高，但在使用一段时间后活性会下降。催化剂具有特殊的选择性，不同类型的化学反应需要不同的催化剂，同样的反应物选用不同的催化剂则获得不同的产物。催化剂的寿命越长，使用价值越大。各种催化剂都有三个时期，即成熟期、稳定期、衰老期。

在流化床反应器中，对催化剂的机械强度要求高，否则会造成催化剂粉碎，增加反应器的阻力降，甚至导致物料将催化剂带走，造成催化剂损失，堵塞设备和管道。

流化床反应器催化剂的颗粒大小主要在 $20\sim100\mu m$ 之间。流化床催化剂在高温下，较小的晶体容易重新结晶为较大的晶粒，导致催化活性降低。另外催化剂在使用过程中，有的物质的存在会引起催化剂活性显著下降，因此在催化剂的制备过程中，注意增强催化剂的热稳定性和抗毒能力。

三、移动床反应器中催化剂的失活和再生方法

1. 催化剂的失活

所有催化剂在正常使用过程中，活性都会随时间的延长而不断下降，在使用过程中缓慢地失活是正常的，但是催化剂的活性迅速下降将会导致转化率下降，甚至严重影响产品的产量和质量。引起催化剂失活的原因有催化剂积炭等堵塞失活、催化剂中毒失活、催化剂的热失活和烧结失活。

2. 催化剂的再生

催化剂的失活分暂时失活和永久失活。对于暂时失活可通过再生的方法使其恢复活性，而永久失活则无法通过再生操作恢复活性。积炭失活、部分中毒失活的催化剂就是暂时失活，可再生。

工业上常用的再生方法有蒸气处理、空气处理、用酸或碱溶液处理和通入氢气或不含毒物的还原气体处理。

催化剂的再生方法有在反应器内再生和反应器外再生两种。如图 4-2 所示，萘氧化流化床反应器中的萘原料中含有大量的杂质如硫茚、焦油等，它们会在催化剂表面积炭、积硫，使催化剂的活性下降，当催化剂的活性无法达到工艺要求时，一般将萘氧化制苯酐的催化剂在器外再生，将废弃的催化剂在固定的反应器内通入空气进行焙烧以除去积炭，补充活性组分后进行脱水、干燥、烘干、活化后再投入使用。如图 4-3 所示，为提升管式移动床催化裂化装置，催化剂在反应器和再生器之间不断进行反应和再生，通常在离开反应器时催化剂积炭，在再生器内通入空气烧去积炭，以恢复催化剂的活性。催化剂在反应器和再生器之间的

循环是通过控制两器的密度差来实现的。

四、流化床反应器内大量气体流过的必要性

流化床反应器中的化学反应一般为强放热反应，而固体催化剂的导热性能较差，因此一般要求气体速度较大，使大量气体流过催化剂床层，并带动颗粒在床层内剧烈混合，从而使颗粒在床层中的温度和浓度均匀一致，并且能够及时地移走或供给热量，有效地控制催化床层的温度，使流体与颗粒之间的传热和传质效率大大提高。

特别是移动床反应器中，需要大量的气体流过床层，以带动固体颗粒引入装置和移出装置。

任务评价

（1）填空题

一种良好的催化剂必须具备_____、高选择性、使用寿命长、机械强度高、热稳定性好、抗毒能力强等性能。

（2）判断题

① 流化床反应器不可使用寿命较短的催化剂。（　　　）

② 单器流化床催化剂的使用寿命较长。（　　　）

（3）思考题

结合图 4-3，指出大量气体通过流化床催化床层的必要性。

（4）技能训练题

① 根据化工实训室陈列的催化剂，指出催化剂的外形、颜色。

② 结合图 4-3，指出移动床反应器中催化剂是如何再生的。

课外训练

课后到机房上互联网，在常用的搜索引擎中搜索"流化床反应器用催化剂"，找出分子筛的工业用途有哪些。

 单元二 辨析流化床反应器用催化剂的外观和床层状态

任务目标

- 能辨析气固流化床反应器用催化剂的外形
- 能测定气固相流化床反应器中催化剂床层的阻力
- 能观察流化床层中催化剂颗粒的分散状态，并判断其好坏

任务指导

一、辨析流化床反应器的催化剂

在流化床反应器装置化工实训室，观察气固相流化床反应器中所用的催化剂，并能够说出催化剂的外形。

二、测定流化床反应器中催化剂床层的阻力

在流化床反应器装置化工实训室，观察气固相流化床/移动床反应器装置，了解催化剂

物料流程和空气流程。装置如图 4-8 所示。进行流化床反应器阻力测定的操作，并观察气、固体送料，催化剂颗粒分散状态。

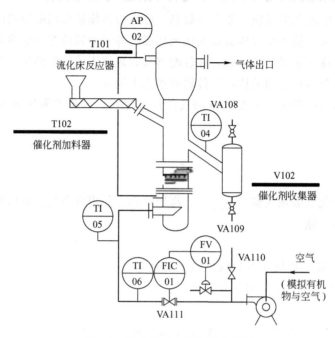

图 4-8　流化床反应器物料流程图

工艺卡片

反应设备 工艺卡片	训练班级	训练场地	学时	指导教师
			1	

训练任务	辨析流化床反应催化剂、进行流化床反应器床层阻力测定的操作
训练内容	辨析流化床反应催化剂，进行气、固体送料，观察催化剂颗粒分散状态，测定床层阻力
设备与工具	流化床反应器装置(含催化剂加料系统,旋涡泵空气输送,气固分离)

序号	工序	操作步骤	要点提示	数据记录或工艺参数
1	辨析流化床反应催化剂	①观察化工实训室催化剂样品的颜色、外形。 ②了解催化剂物料流程和空气流程	颜色、外形	颜色： 外形：
2	气、固体送料	①启动前准备，检查仪表、阀门(确认关闭阀门 VA108、VA109)。 ②将 500～700g 催化剂加入催化剂加料器内,打开加料器控制开关,将催化剂加入到流化床反应器内。 ③开启阀门 VA110，开启旋涡泵,通过旋涡泵将空气送入流化床反应器底部,将空气流量设定为 20m³/h	①全开 VA110。 ②缓慢调节转速调节旋钮	准备中检查情况： 转速调节旋钮读数(r/min)： 空气流量(m³/h)：

序号	工序	操作步骤	要点提示	数据记录或工艺参数
3	催化剂颗粒分散状态操作	通过调节阀门 VA110 的开度,调节空气流量设定值,使空气流量逐渐加大(从 20m³/h 开始,以 10m³/h 递增)。根据空气流量不同,观察流化床层中催化剂颗粒分散状态,并判断其好坏	床层膨胀、增高,大多数颗粒剧烈沸腾,颗粒间空隙增大,但仍然有上界面时催化剂颗粒分散状态为最好	催化剂颗粒分散状态最好时,空气流量范围:

空气流量(m³/h)				
床层颗粒分散状态				
床层颗粒分散的好坏				

序号	工序	操作步骤	要点提示	数据记录或工艺参数
4	床层阻力测定	①调节阀门 VA110 的开度,调节空气流量设定值使其分别达到 40m³/h 和 60m³/h,测定不同气量下的床层阻力。②调节空气流量设定值使其达到 40m³/h,在反应器内再加入一定量催化剂,测定床层中催化剂量加大时的床层阻力	催化剂的加入量由自己决定(600g 左右)。并将测定值与一定量催化剂下,不同气量时,40m³/h 的测定值进行比较	一定量催化剂时床层阻力(kPa):增加催化剂时床层阻力(kPa):

任务评价

检查工艺卡片上数据记录或工艺参数。根据实验数据,空气流量为 40m³/h 时,将一定催化剂量和催化剂量加大时床层阻力的测定值进行比较,说明什么情况下阻力更大。

课外训练

课后到化工实训室,观察流化床反应器催化剂实物,并在教师指导下往流化床反应器中加入催化剂,根据操作规程进行空气输送,调节空气流量,观察流化床反应器颗粒的分散状态。

任务三　操作气固相流化床/移动床反应器系统

 单元一　气固相流化床反应器的结构与特点

任务目标

- 掌握流化床反应器的结构
- 了解流化床反应器的优缺点

任务指导

一、流化床反应器结构

流化床的结构形式很多,但无论何种形式,一般都由壳体、气体分布器、内部构件、内换热器、气固分离装置等组成,如图 4-9 所示,为一典型圆筒形流化床反应器结构示意图。

1. 壳体

壳体由顶盖、筒体和底盖组成。其作用是提供足够的体积使流化过程能正常进行。

2. 气体分布装置

气体分布装置包括气体预分布器和气体分布板两部分。其作用是使气体均匀分布，以形成良好的起始流化条件，同时支承固体颗粒。

（1）气体预分布器　分布板的下部，倒锥形的气室即为气体预分布器，如图 4-10 所示。进气管自侧向进入气室，在气室内气体流股进行粗略的重整后进入分布板。气体预分布器使气体进入分布板前有一个大致均匀的分布，从而减轻分布板均匀布气的负荷。

（2）气体分布板　气体分布板是关键部件，大致有筛板、直流式板、侧流式和填充式分布板、旋流式喷嘴和分支式分布器等，如图 4-11、图 4-12 所示。

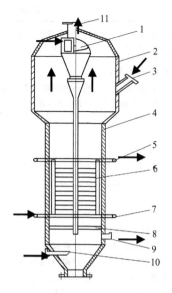

图 4-9　流化床结构示意图

1—旋风分离器；2—筒体扩大段；3—催化剂入口；4—筒体；5—冷却介质出口；6—换热器；7—冷却介质进口；8—气体分布板；9—催化剂出口；10—反应气入口图；11—气体出口

直流式分布板结构简单，易于设计制造。但气流方向正对床层，易使床层形成沟流，小孔易堵塞，停车时易漏料，所以一般不使用。石油催化裂化的流化床反应器，由于催化剂粒子与气流同时通过分布板，常用直流式凹形分布板。侧流式分布板，分锥形侧缝分布板和锥形侧孔分布板，在工业生产中应用广泛，它是在分布板孔中装有锥形风帽，气流从锥帽底部的侧缝或锥帽四周的侧孔流出，目前应用最广泛的是锥形侧缝式分布板。

3. 内部构件

内部构件有水平构件和垂直构件之分，有不同的结构形式，挡板和挡网是最常用的形式，应用最广泛的是挡板，如图 4-13 所示。主要用来破碎气泡，改善气固接触，减少返混，从而提高反应速率和反应转化率，采用内部构件后阻止了颗粒的轴向返混，但颗粒沿床高产生分级，使床层纵向的温度梯度增大，颗粒的磨损也增大。

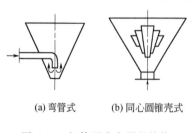

(a) 弯管式　　　(b) 同心圆锥壳式

图 4-10　气体预分布器的结构

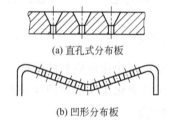

(a) 直孔式分布板

(b) 凹形分布板

图 4-11　直流式分布板

4. 流化床的换热装置

其作用是用来及时取出或供给热量，使流化床反应维持在所要求的温度范围内。一般可

(a) 侧缝式锥帽分布板　(b) 侧孔式锥帽分布板

图 4-12　侧流式分布板

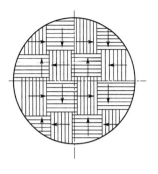

图 4-13　挡板

在床层的外壳上设夹套或在床层内设换热器。

5. 气固分离装置

气体离开床层时总要夹带部分细小的催化剂颗粒或粉尘，若带出反应器外既造成损失，又会污损后工序或产品质量，有时还会堵塞管路和设备。气固分离装置的作用是回收这部分细粒，使其返回床层。常用的气固分离装置有内过滤器和旋风分离器两种。内过滤器是由多根带有钻孔的金属管（或陶瓷管、金属丝网管）并在其外包覆多层玻璃纤维布构成的，金属管分为数组，悬挂于反应器扩大段的顶部，如图 4-14 所示。旋风分离器是一种依靠离心力把固体颗粒和气体分开的装置，其结构如图 4-15 所示。

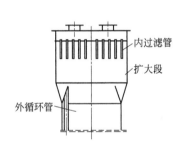

图 4-14　内过滤器结构

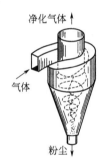

图 4-15　旋风分离器结构

二、流化床反应器的特点

1. 流化床具有类似流体的特性

将大量固体颗粒悬浮于运动的流体之中，从而使颗粒具有流体的某些表观特征，这种流固接触状态称为固体流态化，即流化床。因此流化床有类似流体的特性，如图 4-16 所示，密度高于床层表观密度的物体在床内会下沉，密度小的物体会浮在床面上，如图 a 所示；无论床层如何倾斜，床表面总是保持水平，床层的形状也保持容器的形状，如图 b 所示；床内固体颗粒可以像流体一样从底部或侧面的孔口中排出，如图 c 所示；当两设备连通时，如果两床层高度不一致，则床面会自动拉平，如图 d 所示。正因为流化床有类似流体的热

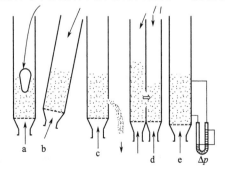

图 4-16　流化床类似流体的特性

性，因此床层阻力 Δp 同样可用 U 形管压差计进行计算，如图 e 所示。

2. 流化床反应器的优缺点

（1）流化床反应器的优点

① 可以实现固体物料的连续输入和输出，并使易失活的催化剂能够在工程中使用。

② 可采用细粉颗粒，有利于非均相反应的进行，提高了催化剂的利用率；流体和颗粒的运动使床层具有良好的传热、传质性能，床层内部温度和浓度均匀，而且易于控制，特别适用于强放热反应。

③ 流态化技术的操作弹性范围宽，单位设备生产能力大，设备结构简单，造价低，符合现代化大生产的需要。

（2）流化床反应器的缺点

① 由于颗粒的剧烈湍动，造成固体颗粒与流体的严重返混，导致反应物浓度下降，转化率下降。

② 对气固流化床，常发生气体短路与沟流现象等，使气固相接触的均匀性和接触时间的长短出现差异，气体在床层停留时间的长短也不一致，使反应转化率下降。

③ 催化剂颗粒之间的剧烈碰撞，造成催化剂破碎率增大，增加了催化剂的损耗，以及颗粒对设备的磨蚀。细碎颗粒易被气体带出，需增设回收装置。

任务评价

（1）填空题

流化床结构形式很多，但无论何种形式，一般都由壳体、_____、内部构件、内换热器、气固分离装置等组成。

（2）选择题

① 目前应用最广泛的气体分布板是_____。

A. 直流式分布板　　　　　　　　B. 填充式分布板

C. 锥形侧缝分布板　　　　　　　D. 短管式分布板

② 流化床反应器可采用_____颗粒，有利于非均相反应的进行，提高了催化剂的利用率。

A. 细粉　　　　　B. 粗粉　　　　　C. 不限定　　　　　D. 大颗粒

（3）判断题

① 气体分布装置其作用是使气体均匀分布，以形成良好的起始流化条件，同时支承固体颗粒。（　　）

② 流化床有类似流体的特性。（　　）

（4）技能训练题

结合图 4-17 旋风分离器的结构，说明气体和固体的运动方向。

课外训练

利用互联网搜索引擎，搜索"流化床反应器分布板""流化床反应器内部构件"，并归纳说明流化床反应器分布板的类型、内部构件的构造。

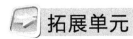

任务目标

- 熟悉气固相流化床反应器的工作原理
- 熟悉流化床反应器的换热装置

任务指导

一、气固相流化床反应器的工作原理

1. 流态化现象

当流体自下而上通过固体颗粒床层时，随着流体流速的变化，床层会出现不同的现象，如图 4-17 所示，当流速较低时，床层固体颗粒静止不动，颗粒之间仍保持接触，流体只在颗粒间的缝隙中通过，此时属于固定床。气速继续增大，当流体通过固体颗粒产生的摩擦力与固体颗粒的浮力之和等于颗粒自身的重力时，颗粒位置开始有所变化，床层略有膨胀，当气速进一步增加，颗粒全部悬浮在向上的流体中，处于剧烈的运动状态，随着容器形状变化，床层高度发生变化，但仍有上界面，此时为流化床。当气速升高到某一极限值时，流化床上界面消失，颗粒被气流带走，此时为移动床。

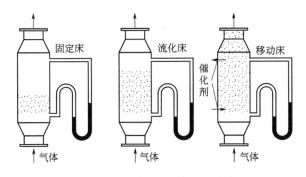

图 4-17　不同流速时床层的变化

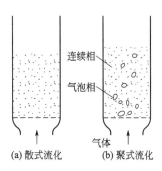

图 4-18　实际流化现象

2. 实际流化现象

上面讨论的是均匀颗粒的理想流化现象，实际流化现象由于颗粒大小不一，颗粒密度与流体密度的巨大差异与理想流化现象是不一样的。

（1）散式流化　颗粒分布均匀的流态化称为散式流态化，一般液固流化床接近于散式流态化，如图 4-18(a) 所示。散式流态化的特性接近于理想流态化。

（2）聚式流化　这种流态化现象多发生在气固系统中，当气体流速超过临界流化速率后，形成极不稳定的沸腾床，上界面频繁上下波动，在床层上界面之下的浓相区存在一个特殊的两相物系，处于流化态的颗粒群是连续的，称为连续相，气泡是分散的，称为分散相。如图 4-18(b) 所示，这种流态化现象称为聚式流化。

3. 聚式流化的不正常流化现象

（1）沟流　气体通过催化床层时，其流速虽超过临界流化速度，但由于颗粒太细、潮湿、易黏结、床层薄、气速过低或气流分布不合理、气体分布板不合理等原因，使床内只形

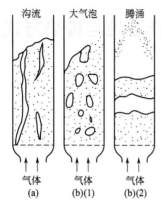

沟流　大气泡　腾涌

气体　气体　气体
(a)　(b)(1)　(b)(2)

图 4-19　不正常流化现象

成一条狭窄的沟，大部分床层仍处于固定状态，这种现象称为沟流，如图 4-19（a）所示。沟流分局部沟流和贯穿沟流。沟流的结果使床层中气固接触恶化，部分床层产生死床，造成催化剂烧结，降低催化剂使用寿命，降低转化率和生产能力。可用加大气速、干燥颗粒、加内部构件、改善分布板等方法予以消除。

（2）大气泡和腾涌　聚式流化床中，气泡上升途中增至很大甚至于接近床径，使床层被分成数段，呈活塞状向上运动，料层达到一定高度后突然崩裂，颗粒如雨一样淋下，这种现象称为大气泡和腾涌。如图 4-19（b）所示。腾涌不仅使气固接触变坏，床层温度不均，还影响产品的收率和质量，增加了固体颗粒的机械磨损和带出，降低催化剂的使用寿命，床内构件易磨损。

在实际生产中如果压降突然上升，而后又突然下降，说明发生了腾涌现象；若压降一直比正常操作时低，表明有沟流现象发生。

只要选用适当的静床高度与床径之比，采用适宜的颗粒直径，注意颗粒的均匀性和含湿量，确定适宜的气速与气体分布方式，腾涌和沟流现象是可以在生产中避免的。

二、流化床反应器的换热装置

1. 流化床反应器的传热过程分析

流化床大多用于反应热负荷大的场合，传热速率高是流化床反应器的一大优点。流化床反应器的传热过程有以下三种基本方式：

① 固体颗粒与固体颗粒之间的传热；

② 气体与固体颗粒之间的给热；

③ 床层与反应器器壁和内换热器壁之间的给热。

在上述传热过程中，前两种的给热速率比第三种要大得多，要提高整个流化床的传热速率，关键在于提高床层与器壁之间的给热速率。床层中大量热量仅靠器壁来传递不能满足换热要求，大多数情况下必须采用换热器。一般可在床层的外壳上设夹套或在床层内设换热器。

2. 流化床换热器的结构形式

工业上常用的内换热器有以下几种形式。

（1）单管式换热器　单管式换热器是将换热管垂直放置在床层内密相或床面上稀相的区域中，若主管较长，则连接管部分应考虑高温下热补偿，做成弯管，以防管子胀裂。常用的有单管式和套管式，其结构如图 4-20（a）、（b）所示。

（2）鼠笼式换热器　由多根直立支管与汇集横管焊接而成，其结构如图 4-20（c）所示。这种换热器传热面积可以设计得较大，但由于焊缝较多，在温差大的场合焊缝易发生胀裂而造成渗漏现象。

（3）管束式换热器　分横列和直列两种，其结构如图 4-20（e）、（f）所示。但横列的管束式换热器常用于流化质量要求不高而换热量不大的场合，如沸腾燃烧锅炉等。U 形管式

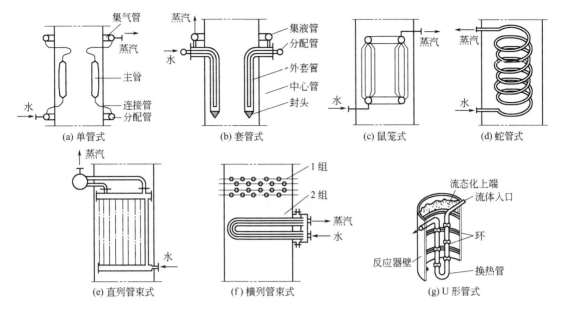

图 4-20　流化床常用的内部换热器

换热器是经常采用的种类。其结构如图 4-20（g）所示。

（4）蛇管式换热器　具有结构简单、不存在热补偿问题的优点，但换热效果差，给热系数低，对床层流态化过程有干扰。其结构如图 4-20（d）所示。

任务评价

（1）填空题

① 根据气速不同，流化床床层分_____、流化床、移动床等。

② 流化床反应器内换热器的结构形式有单管式、鼠笼式、_____、蛇管式换热器等。

（2）选择题

① 流化床反应器在实际生产中如果压降突然上升，而后又突然下降，说明发生了_____现象。

A. 腾涌　　　　　B. 沟流　　　　　C. 散式流化　　　　D. 聚式流化

② 传热速率_____是流化床反应器的一大优点。

A. 小　　　　　B. 低　　　　　C. 不限　　　　D. 高

（3）判断题

① 实际流化现象由于颗粒大小不一，颗粒密度与流体密度的巨大差异与理想流化现象是不一样的。（　　）

② 要提高整个流化床的传热速率，关键在于提高床层与器壁之间的给热速率。（　　）

（4）技能训练题

结合流化床反应器内换热器的结构，说明它们之间的优缺点。

课外训练

流态化现象是如何形成的，有几个状态？流化床操作过程中有哪些异常现象，如何避免？

单元二 **进行流化床反应器装置系统操作**

任务目标

- 能做好流化床反应器装置的开车前准备
- 能按规范进行流化床反应器装置的操作，并得到合格的产品
- 能按规范对装置进行停车操作

任务指导

一、流化床反应器装置开车前准备

1. 认识流化床反应器装置的工艺流程

流化床反应装置的流程图，如图4-21所示。该装置包括1个流化床反应器、1套催化剂物料加料系统（1个加料罐、1个催化剂加料器）、1套除尘装置（1个旋风分离器、1个布袋除尘器）、1套加热/冷却系统（1个换热器、1个带电加热的导热油炉，1个导热油事故罐，1个导热油泵），1套空气输送系统（1台旋涡泵、1个涡轮流量计），1个催化剂收集器。

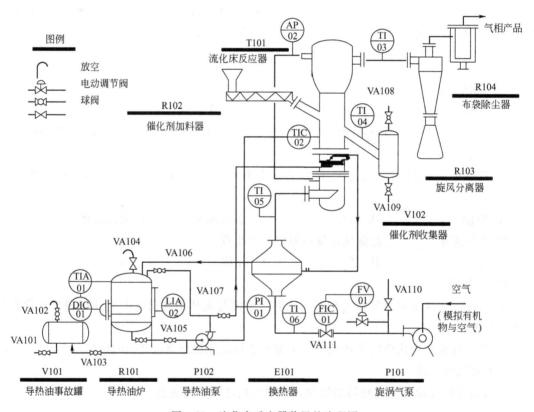

图4-21　流化床反应器装置的流程图

其流程：模拟有机物与空气经旋涡气泵、涡轮流量计、换热器、流化床反应器、旋风分离器、布袋除尘器排出；导热油炉中的导热油经导热油泵送入流化床反应器下部，与从换热

器来的空气换热后进入换热器，将新鲜空气加热，回收预热后，流回导热油炉；硅胶细粉粒——模拟催化剂经催化剂加料器进入流化床反应器活化后，与空气反应进入催化剂收集罐，少部分催化剂被空气带出经旋风分离器、布袋除尘器分离、回收。

原料：气相 80℃热空气——模拟有机物与空气，固相为硅胶细粉粒——模拟催化剂。

2. 认识流化床反应器装置的仪表、控制面板

（1）仪表 全为宇电仪表。流化床压差、空气流量、加热电压仪表为仪表盘集中控制仪表，温度为仪表盘集中控制仪表、热电偶，液位为远传用翻板远传液位计、玻璃液面计，压力为就地显示用弹簧管压力表、远传用压力传感器，进料调速器为旋钮调节，并有显示屏。

（2）控制面板 仪表控制屏的面板如图 4-22 所示。其中主要仪表、电气设备包括：电源总开关、导热油泵开关、旋涡气泵开关、导热油加热开关、仪表开关和备用开关，6 块温度显示仪表（分别为导热油温度、空气温度、空气入塔温度、空气出口温度、尾气温度、干燥产品温度仪表），4 块控制仪表（分别为干燥器温度控制、空气流量控制、导热油加热电压控制），以及导热油液位显示仪表、流化床压降仪表、导热油泵变频器和进料调速器。

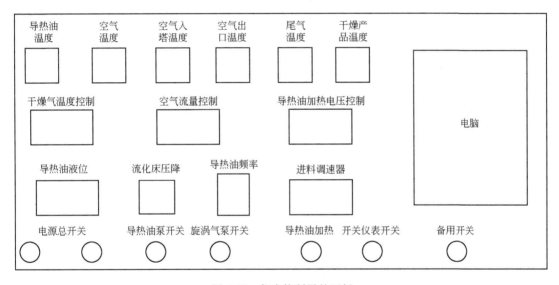

图 4-22 仪表控制屏的面板

3. 做好流化床反应器装置开车前的准备工作

（1）检查 由相关操作人员组成装置检查小组，对本装置所有设备、管道、阀门、仪表、电气、保温等按工艺流程图和专业技术要求进行检查。除全部放空阀打开外，其余阀门全部关闭。确保仪表柜上所有开关均处于关闭状态，检查外部供电系统是否正常。开装置进电总电源开关，开仪表柜上总电源开关。开仪表电源开关，查看所有仪表是否上电、指示是否正常。

（2）原料 流化床反应用水进行模拟加热油，首先打开放空阀 VA102、VA104，准备蒸馏水 40L，装入导热油事故罐中，等水位达到 50% 后打开阀门 VA103，开启仪表面板上的总电源开关、仪表电源开关，开启导热油泵和阀门 VA106，给导热油炉加水至 300mm 左右。

（3）试水 向流化床反应器内通水，检查热水管路是否正常。

（4）试气 打开 VA110、旋涡气泵开关，确保空气气路畅通，无泄漏。

（5）试固体加料器　准备固体催化剂，加一些固体催化剂到催化剂加料器中，启动进料调速器，检查固体加料系统是否正常。

二、流化床反应器装置的操作，并得到合格的产品

（1）加热导热油炉

① 启动导热油炉加热，调节加热仪表，开始加热。

② 打开阀门 VA105，开启导热油泵、阀门 VA106，启动导热油小循环，使油温均匀，当导热油温达到 70～90℃，导热油即可投入使用。

（2）空气输送操作　当空气出口管路和旁路畅通时，启动旋涡气泵，调节空气流量气量，比刚开始时稍小。

（3）导热油供热循环操作　建立导热油供热循环，打开阀门 VA107、关闭 VA106，并调节空气温度。

（4）催化剂的装料　当反应器趋于热稳定时，催化剂用催化剂加料器一次性加入流化床反应器内，加入量为 700g（开大进料调速器转速）。

（5）催化剂活化　逐渐开大空气流量，控制在 40m³/h，使催化床层缓慢升温，不断脱除催化剂表面的水分，活化时间为 2min。

（6）调节空气流量并能观察到明显的流化状态　床层温度控制在 55℃左右，观察流化状态，用干净的大塑料袋在布袋除尘器上方收集一袋气体产品，沉降一段时间，计量其中粉尘量。粉尘量为原料催化剂的 0.5% 及以下，视为合格产品。

三、流化床反应器装置的停车操作

① 停止向流化床内进料。

② 关闭倒热油炉加热系统。

③ 当倒热油炉出口温度降到 50℃以下时，关闭流化床各床层的进气阀，停气泵，开放空阀。

④ 清理残留物。关闭控制柜仪表开关。切断总电源。对设备、场地进行清理。

工艺卡片

反应设备 工艺卡片	训练班级	训练场地	学时	指导教师
			2	
训练任务	进行流化床反应器装置系统操作			
训练内容	识读工艺流程图，能做好流化床反应器装置的开车前准备；能按规范进行流化床反应器装置的操作，并得到合格的产品；能按规范对装置进行停车操作			
设备与工具	流化床反应器，电加热炉，旋风分离器，加料漏斗，鼓风机，仪表控制柜等			

序号	工序	操作步骤	要点提示	数据记录或工艺参数
1	开车前准备	①由操作人员组成装置检查小组，对本装置进行检查，阀门 VA102、VA104、VA110 全开，其余阀门关闭，导热油炉液位约 300mm。 ②准备原料。取硅胶，加水配制成所需原料。固体物料 700g。加水量：将硅胶变成粉红色即可	人员合理分组；检查所有仪表、设备、管道、阀门、水电、仪表柜等是否处于正常状态。导热油炉液位正常。硅胶为粉红色可不加水	导热油炉液位： 硅胶颜色： 是否加水：

序号	工序	操作步骤	要点提示	数据记录或工艺参数
2	开车操作	①加热导热油炉。启动导热油炉加热，调节加热仪表，开始加热。打开阀门VA105、VA106，开启导热油泵，启动导热油小循环，使油温均匀，当导热油温达到70～90℃，导热油即可投入使用。 ②空气输送操作。当空气出口管路和旁路畅通时，启动旋涡气泵，调节空气流量使气量稍小。 ③导热油供热循环操作。建立导热油供热循环，打开阀门VA107，关闭VA106，并调节空气温度。 ④催化剂的装料。当反应器趋于热稳定时，催化剂一次性加入流化床反应器内，加入量为700g。 ⑤催化剂活化。逐渐开大空气流量，控制在40m³/h，使催化床层缓慢升温，不断脱除催化剂表面的水分，活化时间为2min。 ⑥调节空气流量并能观察到明显的流化状态。床层温度控制在55℃左右，观察流化状态，用干净的大塑料袋在布袋除尘器上方收集一袋气体产品，沉降一段时间，计量其中粉尘量	①油温达到70～90℃，最终控制在85℃左右。 ②保障气路畅通，启动旋涡气泵，空气流量在10～40m³/h。 ③确认换热器有空气流过，控制反应器内空气温度在80～90℃。 严格控制活化温度在80℃。 流态化稳定操作时间自己定。控制反应温度55℃	①初始时间： 初始油温： 终了时间： 最终油温： 空气流量： ②空气流量： ③空气流量： 空气温度： ④反应器内初始温度： 反应器内温度： 空气温度： ⑤催化剂活化床层内温度： 活化起始时间： 最初气量： 活化终了时间： 终了气量： 正常操作时间： 正常操作气量： ⑥反应器内温度： 流化状态： 粉尘量： 粉尘量/原料催化剂量： 产品是否合格：
3	停车操作	①停止向流化床内进料。 ②关闭倒热油炉加热系统。 ③当倒热油炉出口温度降到50℃以下时，关闭流化床各床层进气阀，停气泵，开放空阀。 ④清理残留物。关闭控制柜仪表开关。切断总电源。对设备、场地进行清理	①继续正常操作10min。 ②关电压。关油泵频率，关导热油泵。 ③当床层中温度降到50℃以下，停各设备，开放空阀	严格按操作规程操作

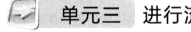 **任务评价**

要求：按规范对流化床反应器装置进行操作。检查工艺卡片上的记录。

课外训练

在化工实训室，观察流化床反应器，根据现场图，画出流化床反应器装置的流程图。

单元三 进行流化床反应器的仿真操作

任务目标

• 能识读移动床反应器装置系统的工艺流程图

- 能进行移动床反应器装置系统（仿真）的冷态开车
- 能进行移动床反应器装置系统（仿真）的正常停车
- 能辨析移动床反应器装置系统运行中的事故并进行处理

任务指导

一、认识移动床反应器装置系统的工艺流程图

移动床反应器装置系统的工艺流程图如图4-23所示。该装置包括一套原料气压缩进料系统（一台循环压缩机，用于循环气——乙烯、丙烯、氢气的压缩；工业色谱仪，用于循环气体的分析，以调节丙烯和氢气的补充量），一台开车加热泵——热水泵（用于调节系统气体的温度），一套反应装置（一台立式反应器，一个刮刀——用于刮去堆积在反应器壁上的过度聚合的鳞片状的产物，电机，搅拌器，轴，轴封），一套除尘装置（包括一台旋风分离器及袋式过滤器，用于除去反应器栅板下部夹带的聚合物粉末），一套气体循环冷却装置[包括夹套式换热器、立式列管式未反应气体冷却器等（夹套水加热器用蒸汽/冷却水，列管用冷却水/高压冷却水，均来自公用工程），用于将反应器内聚合反应物的热量撤出]。

原料气进料流量实现自动控制，流化床反应器的压力、反应器的液位自动显示，分程调节循环气的温度，循环气进出口温度、三个换热器进出口温度自动检测，并在现场显示。循环气的组分分析实现自动检测，反应器的气相进料流量，循环水流量均设置为自动控制，并在DCS图上显示。反应器的压力和液位实现串级控制；新补充的氢气、乙烯、丙烯进气流量和组分分析采用串级控制。压缩机采用放空阀和压力控制仪表给反应系统泄压。

（1）反应任务　应用流态化技术将具有剩余活性的干均聚物（聚丙烯）放入催化床层上，流化气体乙烯、丙烯、氢气从反应器的底部送入，进行反应，生成高抗冲击共聚物（具有乙烯和丙烯单体的共聚物）。

（2）反应原料　主要原料：乙烯、丙烯、具有剩余活性的干均聚物、氢气。原料气乙烯、丙烯、氢气有循环气，该气体要通过一台立式列管换热器将聚合反应热撤出，再用循环压缩机压缩到适宜压力，和新鲜气在压缩机排出口汇合，送入反应器底部。乙烯、丙烯、氢气都是易燃易爆的气体，在生产操作中要严格按操作规程进行操作。

（3）反应原理　乙烯、丙烯混合在一定的温度（70℃）、一定的压力（1.35MPa）下，通过具有剩余活性的干均聚物（聚丙烯）的引发，在流化床反应器里进行反应，同时加入氢气以改善共聚物的本征黏度，生成高抗冲击共聚物。

反应方程式：　　　$nC_2H_4 + nC_3H_6 \longrightarrow \{C_2H_4—C_3H_6\}_n$

　　　　　　　　（乙烯）　（丙烯）　　（乙烯-丙烯共聚物）

（4）工艺流程　来自D301闪蒸槽的聚合物从顶部进入流化床反应器R104，落在流化床的床层上。原料气分两路（第一路为新鲜气，新补充的氢气，乙烯和丙烯加入到压缩机C401排出口；第二路为循环气，来自乙烯汽提塔顶部的回收气相，与气相反应器出口的循环单体汇合，循环气体用工业色谱仪进行分析，在气体分析仪的控制下，氢气被加到乙烯进料管道中，以改进聚合物的本征黏度，满足加工需要。所有未反应的单体循环返回到流化压缩机的吸入口），两路气体汇合调节流量后，调节补充的丙烯进料量，以保证反应器的进料气体满足工艺要求的组成。然后通过一个特殊设计的栅板进入反应器。由反应器底部出口管路上的控制阀PC402来维持聚合物的料位。聚合物料位决定了停留时间，从而决定了聚合

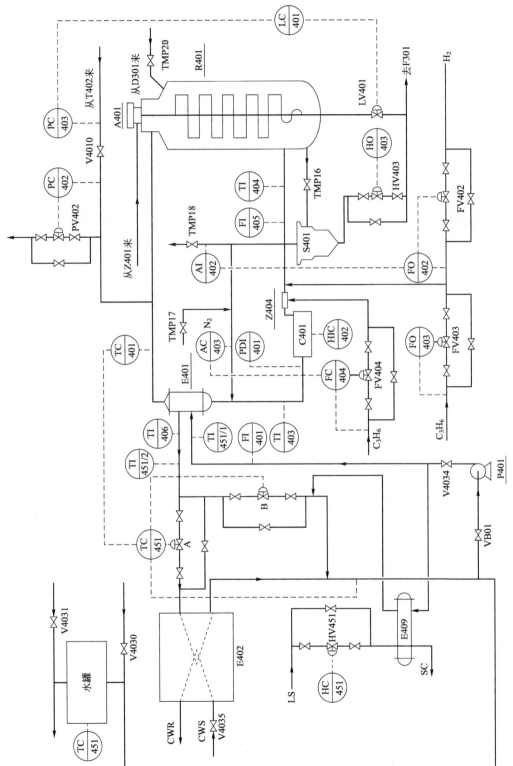

图 4-23　移动床反应器装置系统工艺流程图

反应的程度，为了避免过度聚合的鳞片状产物堆积在反应器壁上，反应器内配置一转速较慢的刮刀 A401，以使反应器壁保持干净。栅板下部夹带的聚合物细末，用一台小型旋风分离器 S401 除去，并送到下游的袋式过滤器 F301 中。

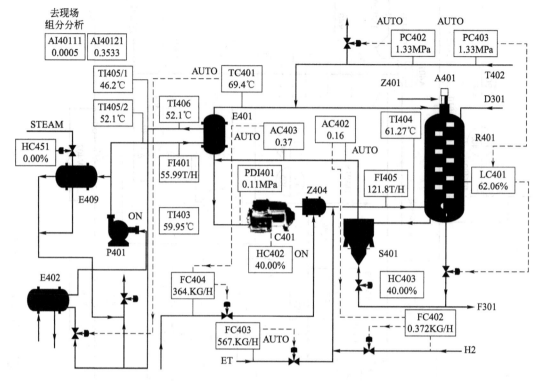

图 4-24　移动床反应器 DCS 图

用脱盐水作为冷却介质，用一台立式列管式换热器 E401 将聚合反应热撤出。该热交换器位于循环气体压缩机之前，E401 中的热量由 E402 和 E409 导出，以满足循环气进入流化床反应器的温度要求。共聚物的反应压力约为 1.4MPa（表压），70℃。该系统压力位于闪蒸罐压力和袋式过滤器压力之间，从而在整个聚合物管路中形成一定压力梯度，以避免容器间物料的返混并使聚合物向前流动。

二、移动床反应器装置系统（仿真）冷态开车

1. 移动床反应器装置系统（仿真）冷态开车

移动床反应器装置（仿真）系统冷态开车中提供：【移动床反应器 DCS 图】（如图 4-24 所示），【移动床反应器现场图】（如图 4-25 所示），组分分析等三个画面。

移动床反应器装置系统（仿真）冷态开车包括开车准备工作（确认所有调节器设置为手动，调节阀、现场阀处于关闭状态。系统中包括用氮气充压，循环加热氮气，随后用乙烯对系统进行置换），单体开车（反应进料、准备接受 D301 来的均聚物）、共聚物的开车、稳定状态的过渡、正常工艺过程控制的过程。

（1）系统氮气充压加热

① 充氮：【移动床反应器现场图】打开充氮阀 TMP17，用氮气给反应器系统充压。

② 当系统压力【移动床反应器 DCS 图】PC402 充压至 0.1MPa（表压）时，【移动床反应

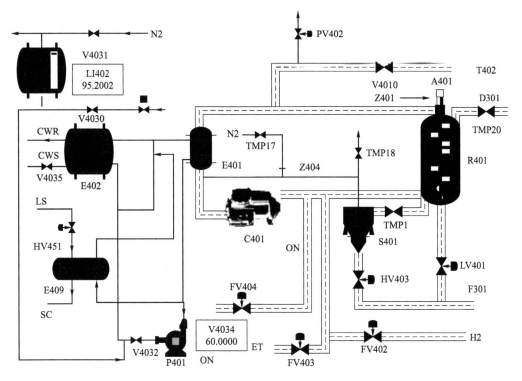

图 4-25　移动床反应器现场图

应器现场图】启动共聚循环气体压缩机 C401，　【移动床反应器 DCS 图】将导流叶片（HIC402）定在 40%。

③ 环管充液：启动压缩机后，【移动床反应器现场图】开进水阀 V4030 给水罐充液，开氮封阀 V4031。

④【移动床反应器 DCS 图】当水罐液位大于 10% 时，【移动床反应器现场图】开泵 P401 入口阀 V4032，启动泵 P401，调节泵出口阀 V4034 开度至 60%。

⑤【移动床反应器现场图】打开反应器至旋风分离器阀 TMP16。

⑥【移动床反应器 DCS 图】手动开低压蒸汽阀 HC451，启动换热器 E409，加热循环氮气。

⑦【移动床反应器现场图】打开循环水阀 V4035。

⑧【移动床反应器 DCS 图】当循环氮气温度达到 70℃ 时，TC451 投自动，调节其设定值，维持气温度 TC401 在 70℃ 左右。

（2）氮气循环

①【移动床反应器现场图】当反应系统压力达 0.7MPa 时，关闭氮阀 TMP17。

② 在不停压缩机的情况下，用 PIC402 和【移动床反应器现场图】排放阀 TMP18 给反应系统泄压至 0（表压）【移动床反应器 DCS 图】。

③【移动床反应器 DCS 图】在充氮泄压操作中，不断调节 TC451 设定值，维持 TC401 温度在 70℃ 左右。

（3）乙烯充压

①【移动床反应器现场图】当系统压力降至 0（表压）时，关闭排放阀 TMP18。

②【移动床反应器现场图】打开 FV403 前、后阀 V4039、V4040，【移动床反应器 DCS 图】开 FC403 开始乙烯进料，乙烯进料量设定在 567.0kg/h 时，自动调节乙烯量使系统压力充至 0.25MPa（表压）。

2. 开车

（1）反应进料

①【移动床反应器 DCS 图】当乙烯充压至 0.25MPa（表压）时，【移动床反应器现场图】打开 FV402 前、后阀 V4036、V4037，启动氢气的进料阀 FV402，氢气进料设定在 0.102kg/h，FC402 投自动控制。

② 当系统压力升至 0.5MPa（表压）时，【移动床反应器现场图】打开 FV404 前、后阀 V4042、V4043，【移动床反应器 DCS 图】启动丙烯进料阀 FV404，丙烯进料阀设定在 400kg/h，FC404 投自动控制。

③【移动床反应器现场图】打开自乙烯气体提升塔来的进料阀 V4010。

④【移动床反应器 DCS 图】当系统压力升至 0.8MPa（表压）时，打开旋风分离器 S401 底部阀 FC403 至 20％开度，维持系统压力缓慢上升。

（2）准备接受 D301 来的均聚物

①【移动床反应器 DCS 图】丙烯进料阀 FV404 改为手动，开度至 85％。

②【移动床反应器 DCS 图】当 AC402 和 AC403 平稳后，调节 FC403 开度至 25％。

③【移动床反应器现场图】启动共聚反应器的刮刀，准备接收闪蒸罐 D301 的均聚物。

（3）共聚反应物的开车

①【移动床反应器 DCS 图】确认系统温度 TC451 维持在 70℃左右。

②【移动床反应器 DCS 图】当系统压力升至 1.2MPa（表压）时，开大 FC403 开度至 40％和【移动床反应器现场图】开 LV401 前、后阀 V4045、V4046，LV401 在 10％～15％，以维持流态化。

③【移动床反应器现场图】打开来自 D301 的聚合物进料阀 TMP20。

3. 稳定状态的过渡

（1）反应器的液位

①【移动床反应器 DCS 图】随着 R401 料位的增加，系统温度将升高，及时降低 TC451 的设定值，不断取走反应热，维持 TC401 温度在 70℃左右。

②【移动床反应器 DCS 图】调节反应系统压力在 1.35MPa（表压）时，PC402 自动控制。

③【移动床反应器 DCS 图】当液位达到 60％时，将 LC401 设置投自动。

④ 随系统压力的增加，料位将缓慢下降，PC402 调节阀自动开大，为了维持系统压力在 1.35MPa，缓慢提高 PC402 的设定值至 1.40MPa（表压）。

⑤【移动床反应器 DCS 图】当 LC401 在 60％时，投自动控制后，调节 TC45 的设定值，待 TC401 稳定在 70℃左右时，TC401 与 TC451 串级控制。

（2）反应器压力和气相组成控制【移动床反应器 DCS 图】

① 压力和组成趋势稳定时，将 LC401 和 PC403 串级（连接）。

② FC404 和 AC403 串级连接。

③ FC402 和 AC402 串级连接。

4. 正常操作

正常工况下的工艺参数如下。

FC402：调节氢气进料量	正常值：0.35kg/h	
FC403：单回路调节乙烯进料量	正常值：567.0kg/h	
FC404：调节丙烯进料量	正常值：400.0kg/h	
PC402：单回路调节系统压力	正常值：1.4MPa	
PC403：主回路调节系统压力	正常值：1.35MPa	
LC401：反应器料位	正常值：60% TC401：	
主回路调节循环气体温度	正常值：70℃	
TC451：分程调节取走反应热量	正常值：50℃	
AC402：主回路调节反应产物中 H_2/C_2 之比	正常值：0.18	
AC403：主回路调节反应产物中 $C_2/(C_3+C_2)$ 之比	正常值：0.38	

三、移动床反应器装置系统（仿真）正常停车

1. 正常停车

（1）降反应器料位

①【移动床反应器现场图】关闭催化剂来料阀 TMP20。

②【移动床反应器 DCS 图】手动缓慢调节反应器料位（调节 LV401）。

③ 反应器料位小于 10。

（2）关闭乙烯进料，保压

①【移动床反应器 DCS 图】当反应器料位降至 10%，关乙烯进料阀 FV403；【移动床反应器现场图】关闭 FV403 前阀 V4039，关闭后阀 V4040。

②【移动床反应器 DCS 图】当反应器料位降至 0，关反应器出口阀 LV401；【移动床反应器现场图】关闭 LV401 前阀 V4045，关闭 LV401 后阀 V4046。

③【移动床反应器现场图】关旋风分离器 S401 上的出口阀 HC403。

（3）关丙烯及氢气进料

①【移动床反应器 DCS 图】手动切断丙烯进料阀 FV404，【移动床反应器现场图】关闭 FV404 前阀 V4042，关闭 FV404 后阀 V4043；

②【移动床反应器 DCS 图】手动切断氢气进料阀 FV402，【移动床反应器现场图】关闭 FV402 前阀 V4036、后阀 V4037；

③【移动床反应器 DCS 图】当 PV402 开度＞80，排放导压至火炬，泄压，关闭 PV402；

④【移动床反应器现场图】停反应器刮刀 A401。

（4）氮气吹扫

①【移动床反应器现场图】打开 TMP17，将氮气加入该系统；

② 当压力达 0.35MPa 时关闭 TMP17，打开 PV402 放火炬；

③ 停压缩机 C401，泄压。

2. 紧急停车

紧急停车操作规程与正常停车操作规程相同。

四、本体聚合流化床反应器常见的异常现象及处理方法

高抗冲击共聚物生产过程中的本体聚合流化床反应器常见异常现象及处理方法如表 4-1 所示。

表 4-1　本体聚合流化床反应器常见异常现象及处理方法

序号	异常现象	产生原因	处理方法
1	温度调节器 TC451 急剧上升，然后 TC401 随之升高	泵 P401 停	①调节丙烯进料阀 FV404，增加丙烯进料；②调节压力调节器 PC402，维持系统压力；③调节乙烯进料阀 FV403，维持 C_2/C_3 比
2	系统压力急剧上升	压缩机 C401 停	①关闭催化剂来料阀 TMP20；②手动调节 PC402，维持系统压力；③手动调节 LC401，维持反应器料位
3	丙烯进料量为零	丙烯进料阀卡	①手动关小乙烯进料量，维持 C_2/C_3 比；②关闭催化剂来料阀 TMP20；③手动关小 PV402，维持压力；④手动关小 LC401，维持料位
4	乙烯进料量为零	乙烯进料阀卡	①手动关闭丙烯进料，维持 C_2/C_3 比；②手动关小氢气进料，维持 H_2/C_2 比
5	催化剂阀显示关闭状态	催化剂阀卡	①手动关闭 LV401；②手动关小丙烯进料；③手动关小乙烯进料；④手动调节压力

任务评价

采用培训方式安排学生进行仿真训练。学生训练结果通过仿真软件的智能评分系统得到反映，学生将智能评分系统的结果填入工艺卡片。教师通过教师站的评分记录系统能集中评价所有学生的训练结果。

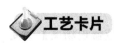
工艺卡片

反应设备工艺卡片	训练班级		训练场地		学时	指导教师
					6	
训练任务	进行流化床反应单元仿真操作					
训练内容	认识流化床反应器装置系统的工艺流程图；能进行流化床反应器装置系统(仿真)冷态开车；能进行流化床反应器装置系统(仿真)正常停车；能辨析流化床反应器装置系统运行中事故并进行处理					
设备与工具	化工单元仿真软件					
序号	工序	操作步骤		要点提示		数据记录或工艺参数
	第一阶段：流化床反应器装置开车前准备					
1	认识移动床反应器装置系统的工艺流程	①对照工艺流程图，识读移动床反应器装置系统的工艺流程。②辨析装置中设备、阀门、仪表、调节系统		①寻找管路。②寻找设备、阀门、仪表、调节系统		
	第二阶段：流化床反应器装置系统(仿真)冷态开车					

序号	工序	操作步骤	要点提示	数据记录或工艺参数
2	冷态开车	①开车准备 系统氮气充压加热; 氮气循环; 乙烯充压。 ②单体开车 反应进料 准备接收 D301 来的均聚物。 ③共聚反应物开车 ④稳定状态的过渡 反应器的液位; 反应器压力和气相组成控制; ⑤正常工艺过程控制	在仿真软件上进行	仿真成绩:
	第三阶段:流化床反应器装置系统(仿真)正常停车			
3	正常停车	①降反应器料位 ②关闭乙烯进料,保压 ③关丙烯及氢气进料 ④氮气吹扫	在仿真软件上进行	仿真成绩:
	第四阶段:流化床反应器装置系统运行中事故并进行处理			
4	事故处理	泵 P401 停	在仿真软件上进行	仿真成绩:
		丙烯进料阀卡		仿真成绩:

课外训练

在仿真操作中,温度调节器 TC451 急剧上升,然后 TC401 随之升高的原因是什么,如何处理?

 项目小结

1. 流化床反应器是一种利用气体或液体通过颗粒状固体层而使固体颗粒处于悬浮运动状态,并进行气固相反应过程或液固相反应过程的反应器。在用于气固系统时,又称沸腾床反应器。气固相流化床反应器可按不同的结构形式分类,气固相流化床/移动床反应器的结构形式不同,其外形也不同。

2. 气固流化床/移动床反应器用催化剂外形为细粉或微球形颗粒,流化床反应器用催化剂具备高活性、高选择性、使用寿命长、机械强度高、热稳定性好、抗毒能力强等性能,移动床反应器中催化剂再生方法有蒸汽处理、空气处理等。气固流化床/移动床反应器中,大量气体流过床层是必要的。

3. 进行流化床反应器装置系统操作中,用空气模拟有机物与空气的混合物,用细硅胶粉模拟固体催化剂,先做好流化床反应器装置开车前准备,再按规范进行流化床反应器装置的操作,并得到合格的产品,最后按规范进行停车操作。

4. 气固相流化床反应器的结件包括壳体、气体分布装置、内部构件、换热装置、气固分离装置。气固相流化床反应器中流体有类似流体的特性,可实现物料的连续输入和输出,可采用细粒催化剂,床层温度均一,操作弹性范围宽,但返混大,固体颗粒碰撞严重。

5. 进行流化床反应器的仿真操作中，加工过程是气体乙烯、丙烯，气体在气固相移动床中聚合生成高抗冲击共聚物，固体为具有剩余活性的干均聚物（聚丙烯），涉及训练任务包括流化床反应器的开车准备、流化床反应器的正常开车（单体开车、共聚反应物开车）、流化床反应器的正常停车及事故处理。

项目五

操作气液相反应器

项目任务

知识目标

掌握气液（固）相反应器的类型，掌握气液相鼓泡式反应器的结构与特点，掌握膜式反应器的结构与特点。

能力目标

能辨析气液（固）相反应器的类型，能操作气液相鼓泡塔式反应器装置系统。

任务一　认识气液相反应器

 单元一 气液（固）相反应器的类型

任务目标

- 了解气液（固）相反应器的定义
- 掌握气液相（固）反应器的类型

任务指导

一、气液（固）相反应器的定义

气液相反应过程是指一个反应物在气相，另一个反应物在液相，气液相反应物需进入液相才能反应或两个反应物都在气相，但需进入液相与液相催化剂接触才能反应。

用以进行气液相反应的反应器称为气液相反应器。气液相反应器在结构上比液均相反应器复杂，在传递特性上有其特殊性。

在气液相反应体系中，气相往往是反应物，而液相则可能有几种情况：①液相也是反应物；②液相是催化剂；③液相既有反应物又有催化剂。

在气液相反应中，至少有一种反应物在气相，也可能几种反应物都在气相中。反应过程是气相中的溶质先扩散传递到气液相界面，然后溶解在液相中进行化学反应，化学反应可以发生在气液界面上，也可以发生在液相本体中。

二、气液（固）相反应器基本类型与特点

气液相反应器种类很多，从形状上可以把气液相反应器分为塔式、管式和釜式三种。从气液相接触形态可分为：①气体以气泡形态分散在液相中（鼓泡塔反应器、搅拌釜式反应器和板式塔反应器）；②液体以液滴状分散在气相中（喷雾、喷射和文氏反应器）；③液体以膜状运动与气相进行接触（填料塔反应器和降膜反应器）。气液相反应器的类型如图5-1所示。

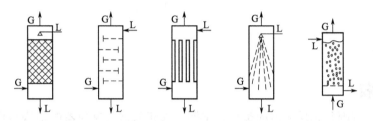

(a) 填料塔反应器 (b) 板式塔反应器 (c) 降膜反应器 (d) 喷雾反应塔 (e) 鼓泡塔反应器

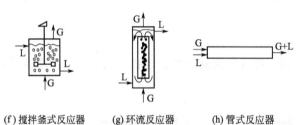

(f) 搅拌釜式反应器 (g) 环流反应器 (h) 管式反应器

图 5-1　气液相反应器的类型

L—液体；G—气体

1. 填料塔反应器

填料塔是广泛应用于气体吸收的设备，也可用作气液相反应器。当作为反应器时，气液两相在填料表面上进行接触反应，填料塔反应器如图5-2所示。

特点：气液两相接触时间较长，气液比可在较大范围内变动，操作弹性好，气相压降较低，造价较低，耐腐蚀性好。

应用：适用于瞬间反应、快速和中速反应过程。

2. 板式塔反应器

类似于精馏过程所用的板式塔，气相通过塔板分散成小气泡而与板上液体相接触进行化学反应。板式塔反应器如图5-3所示。

特点：①液层浅，气相压降小，能在单塔中直接获得极高的液相转化率；②气液传质系数较大，可以在板上安置冷却或加热元件，以适应维持所需温度的要求；③结构复杂，不宜处理发泡液体。

应用：板式塔反应器适用于快速及中速反应。

3. 膜式反应器

结构类似管壳式换热器，反应管垂直安装，液体在管内壁呈膜状流动，与气体并流或逆接触反应。膜式反应器如图5-4所示。

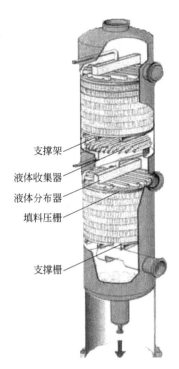

图 5-2　填料塔反应器示意图

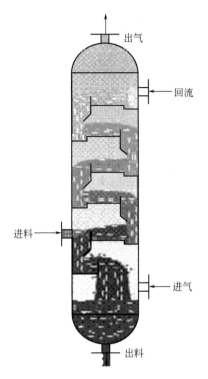

图 5-3　板式塔反应器示意图

特点：通常借助管内的流动液膜进行气液反应。

应用：膜式反应器可用于瞬间、界面和快速反应，它特别适用于较大热效应的气液反应过程，不适用于慢反应，也不适用于处理含固体物质或能析出固体物质及黏性很大的液体。

4. 鼓泡塔反应器

鼓泡塔多为空塔，一般在塔内设有挡板，以减少液体返混；为加强液体循环和传递反应热，可设外循环管和塔外换热器。气体从塔底向上经分布器以气泡形式通过液层，气相中的反应物溶入液相并进行反应，气泡的搅拌作用可使液相充分混合。鼓泡塔反应器如图 5-5 所示。

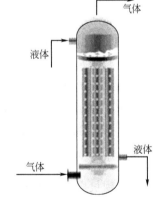

图 5-4　膜式反应器示意图

特点：①气相既与液相接触进行反应，同时搅动液体以增加传质速率；②结构简单、造价低、易控制、易维修、防腐问题易解决，用于高压时也无困难；③液体返混严重，气泡易产生聚并，故效率较低。

应用：这类反应器适用于液体相也参与反应的中速、慢速反应和放热量大的反应。

5. 搅拌釜式反应器

与釜式反应器结构相似，其内装有搅拌器，通过搅拌能使非均相的液体均匀稳定，从而使气体与液体混合充分，传质传热好。搅拌釜式反应器如图 5-6 所示。

特点：①反应器内气体能较好地分散成细小的气泡，增大气液接触面积；②反应器内液

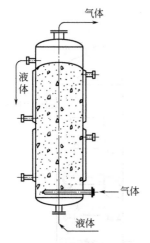

图 5-5 鼓泡塔反应器示意图

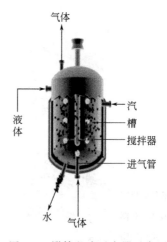

图 5-6 搅拌釜式反应器示意图

体流动接近全混流，同时能耗较高。

应用：搅拌釜式反应器适用于慢反应，尤其对高黏性的非牛顿型液体更为适用。

任务评价

（1）填空题

① 用以进行气液相反应的反应器称为_____。

② 从形状上可以把气液相反应器分为_____、管式和釜式三种。

（2）选择题

① 气液反应器中，气液相反应发生在_____。

A. 气相　　　　　B. 液相　　　　　C. 固相　　　　　D. 液相本体或气液相界面

② 能够进行慢速反应的气液塔式反应器是_____。

A. 填料塔反应器　　B. 板式塔反应器　　C. 鼓泡塔反应器　　D. 喷雾塔反应器

（3）判断题

① 膜式反应器不适用于处理含固体物质或能析出固体物质及黏性很大的液体。（　　）

② 搅拌釜式反应器适用于快反应。（　　）

③ 气液相反应器都不需要搅拌器。（　　）

课外训练

课后到机房上互联网，在常用的搜索引擎中搜索"气液相反应器"图片，选出认为最好的三张进行下载。

单元二　辨析气液（固）相反应器的类型

任务目标

• 能辨析气液（固）相反应器的类型

• 能辨析气液（固）相反应器的物料走向

展示气液相反应器装置的图片，辨析图中采用气液（固）相反应器的类型。

准备苯液相烷基化生产乙苯流程图（见图 5-7）和乙醛液相氧化生产乙酸流程图（见图 5-8），观察气液相反应器的结构和物料走向。

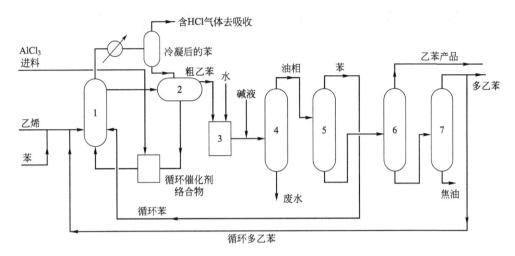

图 5-7 传统无水三氯化铝法苯液相烷基化生产乙苯流程图
1—气液相塔式烷基化反应器；2—沉降槽；3—水解槽；4—油水分离器；
5—苯精馏塔；6—乙苯精馏塔；7—多乙苯回收塔

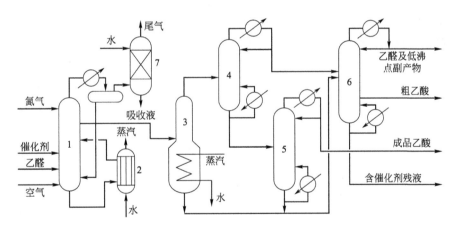

图 5-8 乙醛液相氧化生产乙酸的流程图
1—氧化反应器；2—外冷却器；3—蒸发器；4—脱轻组分塔；
5—脱重组分塔；6—乙酸回收塔；7—吸收塔

技能训练题

① 根据展示气液相反应器装置的图片，辨析气液（固）相反应器的类型。

② 根据苯液相烷基化生产乙苯流程图和乙醛液相氧化生产乙酸流程图，指出反应的原料和走向。

利用互联网搜索引擎，搜索"气液相反应器"图片，选出不同类型的气液相反应器图片下载，并进行比较。

任务二 操作气液相鼓泡塔式反应器装置系统

 单元一 气液相鼓泡式反应器的结构与特点

任务目标

- 掌握气液相鼓泡式反应器的结构
- 了解气液相鼓泡式反应器的优缺点
- 了解鼓泡式反应器装置中的催化剂循环

任务指导

一、气液相鼓泡式反应器的结构

气体鼓泡通过含有反应物或催化剂的液层以实现气液相反应过程的反应器称为鼓泡式反应器。其主要形式有鼓泡塔反应器、鼓泡管反应器和鼓泡搅拌釜反应器三种。

1. 鼓泡塔反应器

（1）鼓泡塔反应器的结构　气体从塔底经分布器以气泡形式通过液层，气相中的反应物溶入液相并进行反应，气泡的搅拌作用可使液相充分混合。简单鼓泡塔反应器的结构如图5-9所示。鼓泡塔结构简单，没有运动部件，主要由塔体、气体分布器和气液分离器组成。塔体可安装夹套或其他形式换热器或设有扩大段、液滴捕集器等；塔内液体层中可放置填料；塔内可安置水平多孔隔板以提高气体分散程度和减少液体返混。

若液相为高黏性液体，则常采用气体升液式鼓泡塔。气体升液式鼓泡塔结构如图5-10所示。塔内装有气升管，引起液体形成有规则的循环流动，可以强化反应器传质效果，并有利于固体催化剂的悬浮。

气体升液式鼓泡塔的特点：在这种鼓泡塔中气流的搅动比简单鼓泡塔激烈得多。简单鼓泡塔中气体空塔速度不超过 $1m/s$，气体升液式鼓泡塔中，气升鼓泡管内气体空管速度可高达 $2m/s$，换算至全塔截面的空塔气速可达 $1m/s$，其液体循环速度可达 $1\sim2m/s$。

（2）鼓泡塔反应器的优、缺点　鼓泡塔反应器在实际应用中具有以下优点：

① 气体以小的气泡形式均匀分布，连续不断地通过气液反应层，保证了气、液接触面，使气、液充分混合，反应良好。

② 结构简单，容易清理，操作稳定，投资和维修费用低。

③ 鼓泡塔反应器具有极高的贮液量和相际接触面积，传质和传热效率较高，适用于缓慢化学反应和高度放热的情况。

④ 在塔的内、外都可以安装换热装置。

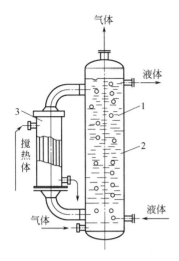

图 5-9　简单鼓泡塔反应器结构示意图

1—塔体；2—挡板；3—塔外换热器

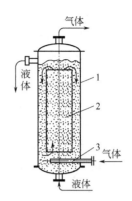

图 5-10　气体升液式鼓泡塔结构示意图

1—筒体；2—气升管；3—气体分布器

⑤ 和填料塔相比较，鼓泡塔能处理悬浮液体。

鼓泡塔在使用时也有一些很难克服的缺点，主要表现如下：

① 为了保证气体沿截面的均匀分布，鼓泡塔的直径不宜过大，一般在 2～3m 以内。

② 鼓泡塔反应器液相轴向返混很严重，在不太大的高径比情况下，可认为液相处于理想混合状态，因此较难在单一连续反应器中达到较高的液相转化率。

③ 鼓泡塔反应器在鼓泡时所耗压降较大。

2. 鼓泡管反应器

（1）鼓泡管反应器的结构　鼓泡管反应器结构如图 5-11 所示。它是由管接头连接的许多垂直管组成的，在第一根管下端装有气液混合器，最后一根管与气液分离器相连接。

（2）鼓泡管反应器的特点　鼓泡管反应器的最大特点是生产过程中反应温度易于控制和调节，由于反应管内流体的流动属于理想置换模型，故达到一定转化率时所需要的反应体积较小，对要求避免返混的生产体系更是十分有利。

3. 鼓泡搅拌釜反应器

（1）鼓泡搅拌釜反应器的结构　鼓泡搅拌釜反应器又称通气搅拌釜，利用机械搅拌使气

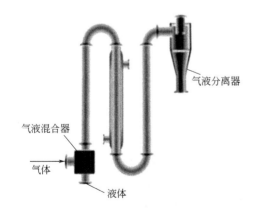

图 5-11　鼓泡管反应器结构示意图

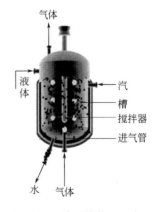

图 5-12　鼓泡搅拌釜示意图

体分散进入液流以实现质量传递和化学反应。鼓泡搅拌釜结构如图 5-12 所示。常用的搅拌器为涡轮搅拌器,气体分布器安装在搅拌器下方正中处。当反应为强放热时,反应器可设置夹套或冷却管以控制反应温度;还可在反应器内设导流筒,以促进定向流动;或使气体经喷嘴注入,以提高液相的含气率,并加强传质。

鼓泡搅拌釜与鼓泡塔反应器不同,气体的分散不是靠气体本身的鼓泡而是靠机械搅拌。

(2) 鼓泡搅拌釜反应器的优、缺点

优点:气体分散良好,气液相界大,强化了传质、传热过程,并能使非均相液体均匀稳定。

缺点:搅拌器的密封较难解决,在处理腐蚀性介质及加压操作时,应采用封闭式电动传动设备;达到相同转化率时,所需要反应面积大。

二、鼓泡式反应器装置中催化剂的循环

气液相反应也常使用催化剂。气液相反应中使用的催化剂主要有固体(粉末,或液态络合体系)和液体(溶液)两种。在连续反应工艺中,催化剂会随气液相反应产物体系连续排出。为减少新补充的催化剂用量,气液相反应器排出的催化剂需要先与液相产物或原料分离,然后进行循环利用。

气液相鼓泡式反应器装置中催化剂循环,其先决条件是排出的催化剂能从产物体系中有效分离出来。分离方法主要有两种,即沉降法和精馏法。

若催化剂为固体(粉末,或液态络合体系),则可利用密度不同(沉降法)将排出的催化剂与产物分离,如液相法生产乙苯中采用催化剂为液态络合体系,利用沉降法可将排出催化剂从产物中分离出来;若催化剂为液体,则一般利用挥发度不同(精馏法)将催化剂从产物中分离出来,然后循环利用,如甲苯氧化生产苯甲酸中催化剂为钴盐醋酸溶液,钴盐醋酸溶液与产物苯甲酸的分离可用精馏法。

如图 5-13 为苯液相法生产乙苯的催化剂回收的工艺流程图,其催化剂主要是由苯、乙烯和 $AlCl_3$ 组成的三元络合物,其密度比产物粗乙苯的密度大,且不相溶,因此可以采用沉降的方法将其回收,并循环到反应器内再次使用。

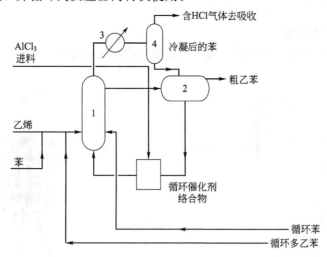

图 5-13 苯液相法生产乙苯的催化剂回收的工艺流程图

1—烷基化反应器;2—沉降槽;3—冷凝器;4—气液分离器

如图 5-14 为苯甲酸及钠盐生产的催化剂回收流程图，该反应的催化剂钴盐醋酸溶液在氧化反应器内催化反应后，随空气、未反应的甲苯、生成的水，及夹带的产物苯甲酸从顶部流出氧化反应器，进入第一气液分离器，分离出空气、未反应的甲苯、生成的水等气态物料后，从底部进入甲苯精馏塔中进行精馏，塔顶馏出物中的甲苯送回到氧化反应器中利用，塔釜出料送催化剂回收塔沉降，高稠物料（残渣）由催化剂回收塔的塔底排出，上层催化剂醋酸溶液从催化剂回收塔的顶部流出，送回氧化反应器。从甲苯精馏塔精馏段侧线采出的苯甲酸，送到苯甲酸精馏塔内精馏。

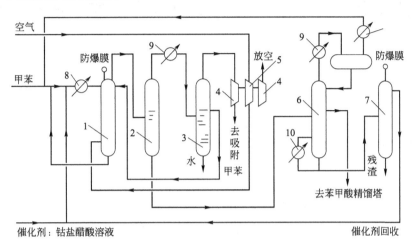

图 5-14　苯甲酸及钠盐生产的催化剂回收的流程图

1—氧化反应器；2—第一气液分离器；3—第二气液分离器；4—透平膨胀机；5—压缩机；

6—甲苯精馏塔；7—催化剂回收塔；8—废热锅炉；9—冷凝器；10—再沸器

任务评价

（1）填空题

① 气体鼓泡通过含有反应物或催化剂的液层以实现气液相反应过程的反应器称为_____反应器。

② 气液相鼓泡反应器的主要形式有_____反应器、鼓泡管反应器和鼓泡搅拌釜反应器三种。

③ 液相法生产乙苯的过程中，$AlCl_3$ 催化剂是通过_____方法回收利用的。

（2）选择题

① 具有搅拌器的鼓泡式反应器是_____。

A. 鼓泡塔　　　　B. 鼓泡管　　　　C. 鼓泡搅拌釜　　　　D. 气体升液式鼓泡塔

② 能够避免返混的鼓泡式反应器是_____。

A. 鼓泡塔　　　　B. 鼓泡管　　　　C. 鼓泡搅拌釜　　　　D. 气体升液式鼓泡塔

③ 必须安装气液混合器的鼓泡式反应器是_____。

A. 鼓泡塔　　　　B. 鼓泡管反应器　　　C. 鼓泡搅拌釜　　　　D. 以上都不对

（3）判断题

① 鼓泡式反应器都必须安装气体分布器。（　　）

② 鼓泡管反应器中即使气体流率很小，气液相也能充分接触而发生反应。（　　）

（4）思考题

描述苯甲酸及钠盐的生产中催化剂的回收利用过程。

课外训练

利用互联网搜索引擎，搜索"鼓泡式反应器"图片，选出认为最好的三张不同的鼓泡式反应器进行下载，并在图片上指出它们的组成部件。

 拓展单元 气液相鼓泡式反应器的工作原理与传热方式

任务目标

- 了解气液相鼓泡式反应器的工作原理
- 了解气液相鼓泡式反应器的流动特点
- 了解气液相鼓泡式反应器的传热方式
- 了解气液相鼓泡式反应器的控制过程

任务指导

一、气液相鼓泡式反应器的工作原理

鼓泡塔式反应器常用于进行气液非均相反应，内部盛有液体，气体从塔底经分布器以气泡的形式在液体内浮升，通过气泡的壁面与液体接触，进行气液相传质反应，液体可以间歇通入，也可以与气体并流或逆流地连续通入，可通过夹套、内置换热管、外置换热器或液体蒸发等与外界换热。鼓泡塔反应器操作中，温度、压力、气泡的大小和浮升速度、液层高度等直接影响气液的流动状态、传质、传热，最终影响反应结果。

二、气液相鼓泡式反应器的流动特点

空塔气速 u_{OG} 是指气体在整个空塔截面上的流动速度，可通过公式计算。

空塔速度：
$$u_{OG} = \frac{4q_{VG}}{3600\pi D^2}$$

式中　u_{OG}——气体空塔速度，m/h；

q_{VG}——气体体积流量，m³/h；

D——反应器直径，m。

空塔气速不同，鼓泡塔内的气液流动状态不同，当空塔气速 u_{OG} 小于 $0.045\sim0.06$ m/s 时，称为安静区状态，此时，气体经分布器在液体中有次序地鼓泡，产生的气泡大小均匀、形状规则，且浮升平稳，液体流动状态则介于轻微湍动到明显湍动之间，气液返混小。

当空塔气速 u_{OG} 大于 0.08 m/s 时，鼓泡塔内的气液流动状态称为湍动区状态，此时，气体经分布器在液体中激烈地鼓泡，产生的气泡大小不均匀，形状也不规则，且在浮升中不断合并、分裂，并产生无定向运动，当气泡产生水平或向下运动时，液体则被带动着产生激烈的扰动，气液返混增大。

当空塔气速 u_{OG} 处于 0.06 m/s 与 0.08 m/s 之间，鼓泡塔内的气液流动状态介于上述两者之间，此时称为过渡区状态。一般的简单鼓泡塔常选择在安静区状态下操作，而带有导流筒等的鼓泡塔多选择在湍动区状态操作。

三、气液相鼓泡式反应器的传热方式

气液相反应一般均伴随着热效应的产生，为维持反应的温度条件，鼓泡塔就必须进行换热。由于气泡的搅拌作用，鼓泡塔内的气液混合物温度近似均匀，因此可忽略气液混合物内部的换热，而只考虑气液混合物与外界介质间的换热。

鼓泡塔中的换热一般以三种方式进行，一是以反应物、产物或溶剂的蒸发带走反应热，例如乙烯氧化制乙醛中，以乙醛和催化剂溶液中水的汽化移出反应热；二是设置夹套、蛇管等内换热器，以冷却介质撤出反应热，见图5-15；三是设置外冷却器，采用液体循环，通过冷却器移除反应热，见图5-16。鼓泡塔一般采取间壁换热。

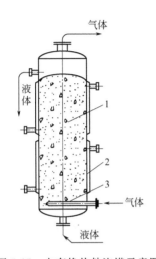

图5-15　夹套换热鼓泡塔示意图
1—塔体；2—夹套；3—气体分布器

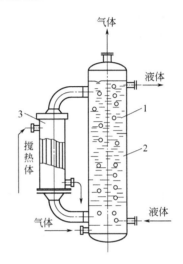

图5-16　外循环换热式鼓泡塔示意图
1—塔体；2—挡板；3—塔外换热器

四、气液相鼓泡式反应器的控制过程

有一个气液相反应：A(气相)＋B(液相) ⟶ 产物

这一反应过程由五个步骤组成：①气相反应物组分A由气相本体经过气膜向气液相界面传递，这一步为物理吸收；②A由气液相界面向液相传递；③A在液膜内或液相本体中与液相反应物B相遇并反应；④生成的液体产物留在液相中，气体产物向气液相界面传递；⑤气体产物经过气膜向气相本体传递。A与B的反应位置（或区域）决定于本征反应速率与本征扩散速率的相对大小。以下对五种特定情况（五种动力学区域）进行分析。

（1）瞬时不可逆反应　此类反应速率极快，本征反应速率远大于本征扩散速率。瞬时不可逆反应属扩散控制，反应阻力来自于气相及液相传质阻力。

（2）快反应　本征反应速率大于传质速率，反应区在液膜内，反应阻力来自于传质阻力及动力学阻力，但传质阻力占主要地位。

（3）中速反应　本征反应速率与传质速率相当，反应从液膜内某一位置开始，蔓延到液相主体，中速反应的阻力主要来自传质及动力学阻力。

（4）慢反应　本征反应速率小于传质速率，反应主要在液相主体内进行。慢反应的阻力主要来自动力学阻力。

（5）极慢反应　反应区在液相本体，总反应速率完全由本征反应速率决定，为动力学控制，传质相对极快，慢反应的阻力主要来自动力学阻力。

反应速率较慢的气液反应主要在液相本体中进行，应选用持液量较大的气液相反应器，如板式塔、鼓泡塔等。

任务评价

（1）填空题

在气液相鼓泡式反应器内，气体从塔底经分布器以气泡的形式在液体内浮升，通过气泡的壁面与液体进行接触，进行气液相传质和_____。

（2）选择题

① 气液相鼓泡式反应器适用于_____反应。

A. 气相均相 　　　B. 液相均相 　　　C. 气固相 　　　D. 气液非均相

② 一般的简单鼓泡塔常选择在_____状态操作。

A. 安静区 　　　B. 湍动区 　　　C. 过渡区 　　　D. 都行

③ 气液相鼓泡式反应的传质控制过程的反应速率等于_____。

A. 传质速率 　　　　　　　　　B. 反应速率

C. 传质速率与反应速率的叠加 　　　D. 传质速率－反应速率

④ 气液相鼓泡式反应的动力学控制过程进行的场所在_____。

A. 气相本体 　　　B. 液相本体 　　　C. 液膜 　　　D. 相界面

⑤ 气液相反应的_____反应选用鼓泡塔。

A. 瞬时不可逆 　　　B. 快 　　　C. 中速 　　　D. 较慢

（3）判断题

① 当空塔气速 u_{OG} 小于 $0.045\sim0.06\mathrm{m/s}$ 时，称为安静区状态。（　　　）

② 气液相鼓泡式反应器内的传热，既要考虑气液混合物内部的换热，也要考虑气液混合物与外界介质间的换热。（　　　）

③ 鼓泡塔中的换热，可利用反应物、产物或溶剂的蒸发带走反应热。（　　　）

课外训练

利用互联网搜索引擎，搜索"气液相鼓泡反应"的视频，仔细观察气液相的传质、传热过程。

 单元二　进行气液相鼓泡式反应器装置系统操作

任务目标

- 能做好鼓泡式反应器装置开车前准备
- 能观察气体鼓泡在液相中的分散状态
- 能按规范进行鼓泡式反应器装置的操作，并得到合格的干燥产品
- 能按规范对装置进行停车操作

任务指导

以轻质碳酸钙制备为例，进行气液相鼓泡式反应器装置操作。

一、鼓泡式反应器装置开车前的准备

1. 轻质碳酸钙的制备原理

轻质碳酸钙是用碳化法制取的，以生石灰为原料，经过消化、精制而得石灰乳，再以含二氧化碳的气体进行碳酸化，生成碳酸钙沉淀，然后将悬浮液进行过滤，即得轻质碳酸钙，其化学反应式如下：

$$CaO + H_2O \rule[0.5ex]{2em}{0.4pt} Ca(OH)_2$$
（氧化钙）（水）　　（氢氧化钙）

$$Ca(OH)_2 + CO_2 \rule[0.5ex]{2em}{0.4pt} CaCO_3 \downarrow + H_2O$$
（氢氧化钙）（二氧化碳）（碳酸钙）　（水）

轻质碳酸钙一般不采取控制温度的措施进行碳化反应。由于碳化反应为放热反应，故碳化温度（决于反应量与气温）可上升至 $50\sim60℃$，所得结晶晶型为纺锥体，粒经为 $1\sim5\mu m$，比表面积为 $5m^2/g$ 左右（BET法）。

碳化过程是气、液、固三相反应。碳化过程的工艺参数有：温度、石灰乳浓度、气速、碳化终点 pH 等。制取微细碳酸钙主要要求控制适宜的过饱和度，采用低温、低浓度和低气速操作。

2. 认识鼓泡式反应器装置（轻质碳酸钙制备装置）的工艺流程

鼓泡式反应器装置（轻质碳酸钙制备装置）的工艺流程如图 5-17 所示。该装置包括 1 台消化机、2 台过滤机、1 个碳化塔、1 台空压机、1 个二氧化碳钢瓶、2 个贮槽（粗浆槽、精浆槽），另有筛子和烘箱图中没有标示出。

其流程：将生石灰和水加入消化机中进行消化，得到石灰乳粗浆，再经过滤成精浆后装入玻璃碳化塔中，由二氧化碳钢瓶和空气压缩机分别供给二氧化碳和空气，分别经转子流量计，按一定比例充分配合混合后，由塔底进入碳化塔，鼓泡分散的石灰乳吸收其中的二氧化碳。未被吸收的空气及二氧化碳由敞口的塔顶放空。由塔底放出已碳化完成的悬液，经过滤分离，滤液排弃，得碳酸钙固体，将其放入烘箱中干燥去水，再加以粉碎、过筛即得轻质碳酸钙。其制备过程如图 5-17 所示。

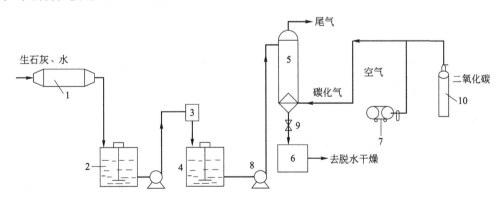

图 5-17　鼓泡式反应器装置（轻质碳酸钙制备装置）的工艺流程图
1—消化机；2—粗浆槽；3—过滤机；4—精浆槽；5—碳化塔；6—真空抽滤机；
7—空压机；8—浆液泵；9—控制阀；10—二氧化碳钢瓶

3. 认识鼓泡式反应器装置（轻质碳酸钙制备装置）的控制方案

（1）生石灰、水的质量控制　生石灰的加料量采用天秤称量，水用量筒量取，生石灰与水的质量比为 1：(4～5)。

（2）消化温度的控制　一般消化温度比消化用水温度高 20～40℃，为使消化反应更为彻底，所得的石灰乳颗粒细腻，出浆率高，在消化反应时加入 80℃ 左右的热水，并在搅拌下进行消化反应。开始时反应较慢，逐渐至一定温度后反应加快，同时有大量蒸汽逸出。

（3）空气、二氧化碳的流量控制　二氧化碳由钢瓶中液态二氧化碳供给，空气可用无油空气压缩机提供，两者分别由气体转子流量计控制流量，并调整为二氧化碳：空气流量比为 (1：3)～(1：2)。两种气体进入气体混合器中充分混合均匀，再经气体转子流量计计量后，由塔底引入碳化塔。

（4）碳化温度控制　碳化温度的控制包括起始温度和过程温度的控制，起始温度是指碳化反应刚开始时的温度，过程温度是指碳化反应过程的温度，起始温度对轻质碳酸钙合成的晶型、粒径起决定作用，过程温度的影响也不可忽略。碳化过程是一个碳酸钙结晶成核和成长的过程。碳化初期，体系的温度越低，成核速率越大，通常碳化起始温度控制在 25℃ 以下，由于碳化反应是放热反应，因此随着碳化反应的进行，碳化温度（决于反应量与气温）可上升至 50～60℃，主要通过二氧化碳的通入量或二氧化碳的流速控制碳化温度为 50℃ 左右。

4. 做好鼓泡式反应器装置开车前的准备工作

（1）原料准备　先将生石灰粉碎（选择色泽白、断面多微孔的新鲜生石灰），粒度最好在 5cm 以下；水加热到 80℃；二氧化碳钢瓶中的二氧化碳要充分。

（2）检查装置　由相关操作人员组成装置检查小组，对本装置所有设备、管道、阀门、仪表、电气等按工艺流程图和专业技术要求进行检查。

二、鼓泡式反应器装置（轻质碳酸钙制备装置）开车操作

1. 石灰乳的制备与精制

在实验室中先称取一定量的粉碎了的生石灰（选择色泽白、断面多微孔的新鲜生石灰，粒度最好 5cm 以下）放入反应容器中，按 CaO：H_2O=1：(4～5)（质量比）加入适量的 80℃ 左右的热水，并在搅拌下进行消化反应。开始时反应较慢，逐渐至一定温度后反应加快，并有大量的蒸汽逸出。搅拌约半小时可将搅拌器取出，使石灰乳静置一段时间，最好过夜，进行熟化。如此可得消化完全、细腻洁白的石灰乳。熟化后的石灰乳还需过筛，将未完全反应的生石灰及其中的不溶性杂质除去，以达到精制要求。通常用 125μm 规格的筛。石灰乳浓度应为含 CaO 115～191g/L。

2. 石灰乳的碳酸化

石灰乳吸收二氧化碳即得沉淀碳酸钙。碳化反应是在一玻璃制塔器中间歇进行的。反应放热，可使石灰乳液温度升高至 50℃ 左右。

碳化反应与众多因素有关。实验室中二氧化碳气体浓度可根据工业窑气浓度，确定为 25%～30% 的 CO_2 保持恒定。二氧化碳由钢瓶中液态二氧化碳供给，空气可用无油空气压缩机提供，两者分别由气体转子流量计控制流量，并调整为 CO_2：空气比为 (1：3)～(1：2)。两种气体进入气体混合器中充分混合均匀，再经气体转子流量计计量后，由塔底引入碳化塔。

将过筛后的石灰乳预先装入塔中，液位应为全塔高度的 2/3～4/5，以预防通气后鼓泡溢出。塔的高径一般应为 6～8，亦可更大些。为使吸收效果好，可在气体入口管的管端安

装分布器，但需防止被沉淀堵塞。

由于过筛后的石灰乳浓度及量、气体二氧化碳的浓度已定，所以气体通入量或气体流速就成为影响碳化时间或速率的主要因素。气体在塔内还起着搅拌作用，从而能克服界面阻力，提高传质速率，并能使氢氧化钙粒子悬浮和继续溶解，有利于碳化反应的进行。

碳化时间指从通入气体开始至碳化终止、停止通气的持续时间。实验室中以控制 1h 左右为宜。碳化终止点可根据石灰乳碳化时的 pH 变化来决定，即由开始的 pH 11～12 下降至7～8。pH 可用 pH 试纸或酸度测定。

在碳化过程中，气体流量的控制极为关键。当气体流量增加时，在一定的流量范围内，反应到达终点所需要时间下降得很快，但气体流量超过此范围后，随着气体流量的增加，反应到达终点的时间是几乎不变的。这是由于当气体流量较小时，石灰乳悬浮液中的气体含量较小，气液比低，单位体积悬浮液的接触面积也较小，因此宏观上二氧化碳的传递速率不高。当气体流量增加时，必导致气体含量、气液比和气液接触面积的增加，二氧化碳由气相到液相的传递速率加快，宏观上就表现为反应到达终点时所需的时间下降得很快。但当气体增加到一定值时，气液接触面积基本不变，再增加气体流量，其搅动只能使气体流动阻力稍有下降，因此，反应到终点的时间基本不变。

三、鼓泡式反应器装置（轻质碳酸钙制备装置）正常停车

1. 鼓泡式反应器装置（轻质碳酸钙制备装置）正常停车操作

① 停止二氧化碳的通入。关二氧化碳转子流量计开关，关二氧化碳减压阀。

② 停止空气通入。等反应温度下降后，关空气转子流量计开关，停空压机电源。

③ 放料。打开碳化液控制阀，放料。

2. 悬浮液的过滤、分离与干燥

碳化完成后的悬浮液由碳化管底部导管排出，用真空抽滤除去水分后，再在烘箱中于110～120℃下烘干。干燥后的碳酸钙可经磨细、过筛（125μm），即得产品。

3. 轻质碳酸钙的产量与质量

（1）轻质碳酸钙的产量测定　使用天平称量本次产品产量。

（2）轻质碳酸钙的质量测定

① 沉降体积测定　称取 10g 轻质碳酸钙产品，精确至 0.01g，置于盛有 30mL 水的带磨口塞的有刻度的量筒中，加水至 100mL，上下振摇 3111min（100～110 次/min），在室温下静置 3h，读取轻质碳酸钙沉降物的体积，除以 10 即得。合格的轻质碳酸钙沉降体积应为2.4～2.8mL/g。

② 吸油值的测定　准确称取 5g 轻质碳酸钙产品，置于玻璃板上，用已知质量的盛有邻苯二甲酸二辛酯（DOP）的滴瓶滴加 DOP，同时用调刀不断进行翻动研磨，起初试样成分散状，后逐渐成团直至全部被 DOP 浸润，并形成一整团即为终点，精确称取滴瓶质量。以100g 轻质碳酸钙吸收 DOP 的质量（g）表示吸油值 X_2，按下式进行计算。

$$X_2 = \frac{m_1 - m_2}{m} \times 100\%$$

式中　m_1——滴加 DOP 前滴瓶和 DOP 的质量，g；

m_2——滴加 DOP 后滴瓶和 DOP 的质量，g；

m——试样质量，g。

合格的轻质碳酸钙的吸油值为150～300mL。

任务评价

检查工艺卡片上数据记录或工艺参数。

工艺卡片

反应设备 工艺卡片	训练班级	训练场地	学时	指导教师
			6	

训练任务	利用鼓泡式反应器进行轻质碳酸钙的生产			
训练内容	做好鼓泡反应器装置开车前准备;按规范进行轻质碳酸钙的生产操作,并得到合格的轻质碳酸钙产品			
设备与工具	轻质碳酸钙生产装置,pH试纸或pH酸度计,125μm规格的筛子			

序号	工序	操作步骤	要点提示	数据记录或工艺参数
	第一阶段:鼓泡式反应器装置(轻质碳酸钙制备装置)开车前准备			
1	认识鼓泡式反应器装置(轻质碳酸钙制备装置)的工艺流程	①对照工艺流程图,识读鼓泡式反应器装置(轻质碳酸钙制备装置)的工艺流程。 ②辨析装置中设备、阀门	①寻找管路。 ②寻找设备、阀门	
2	认识鼓泡式反应器装置(轻质碳酸钙制备装置)的控制	①认识二氧化碳流量控制(转子流量计)。 ②认识空气流量控制(转子流量计)。 ③认识碳化反应温度控制(主要由二氧化碳流量决定)		
3	做好鼓泡式反应器装置(轻质碳酸钙制备装置)开车前的准备工作	①原料 先将生石灰粉碎(选择色泽白、断面多微孔的新鲜生石灰),粒度最好在5cm以下;水加热到80℃;二氧化碳钢瓶中的二氧化碳要充分。 ②对本装置所有设备、管道、阀门、仪表、电气等进行检查	①准备:粉碎的生石灰45克;80℃热水400mL,查看二氧化碳钢瓶压力。 ②检查:依工艺流程图和专业技术要求	
	第二阶段:鼓泡式反应器装置(轻质碳酸钙制备装置)开车操作			
1	石灰乳的制备与精制	①用筛子筛取生石灰。 ②称取符合要求的生石灰。 ③将水加热到80℃。 ④用量筒量取水。 ⑤对消化机中原料进行搅拌,使其反应。 ⑥仔细观察消化过程,注意是否有水蒸气冒出。 ⑦控制消化反应时间为0.5h。 ⑧静置熟化。 ⑨石灰乳过筛。 ⑩测石灰乳体积,计算石灰乳浓度	按操作规程	生石灰粒度: 生石灰质量: 水的温度(℃): 水的体积(mL): CaO∶H_2O(质量比): 消化开始时间: 消化温度(℃): 消化结束时间: 熟化开始时间: 熟化结束时间: 石灰乳体积: 石灰乳溶度:

序号	工序	操作步骤	要点提示	数据记录或工艺参数
	第二阶段:鼓泡式反应器装置(轻质碳酸钙制备装置)开车操作			
2	石灰乳的碳酸化	①将石灰乳装入碳化塔中。 ②打开二氧化碳钢瓶的减压阀,打开二氧化碳转子流量计开关,调节二氧化碳流量。 ③启动空气压缩机,打开空气流量计开关,调节空气转子流量计流量。 ④控制碳化温度在 50℃ 左右,反应时间约 1h 左右。 ⑤观察碳化塔内气液接触状态。 ⑥控制碳化终点。碳化时间约 1h 后,取样,测定碳化液 pH,当 pH 由 11～12 下降至 7～8 时结束碳化反应	①按操作规程。 ②碳化终止点可根据石灰乳碳化时的 pH 变化来决定。即由开始的 pH 11～12,下降至 7～8。pH 可用 pH 试纸或酸度测定	石灰乳装入量: 二氧化碳流量: 空气流量: 二氧化碳:空气流量比为: CO_2 浓度为: 碳化开始时间: 碳化反应温度: 碳化塔内气液接触状态是: pH 为: 碳化结束时间:
	第三阶段:鼓泡式反应器装置(轻质碳酸钙制备装置)正常停车操作			
1	鼓泡式反应器装置(轻质碳酸钙制备装置)正常停车操作	①停止二氧化碳的通入。关二氧化碳转子流量计开关,关二氧化碳减压阀。 ②停止空气通入。等反应温度下降后,关空气转子流量计开关,停空压机电源。 ③放料。打开碳化液控制阀,放料	按操作规程	二氧化碳流量: 空气流量:
2	悬浮液的抽滤、分离与干燥	①碳化液从碳化塔底部放出,进行真空抽滤,除去水分。 ②再在烘箱中于 110～120℃ 下烘干。 ③对干燥后的碳酸钙磨细。 ④过筛(125μm),即得产品		烘箱的温度(℃):
3	称量碳酸钙的产量与测定其质量	①使用天平称量本次碳酸钙产品的产量。 ②沉降体积的测定。 ③吸油值的测定	按操作规程	①轻质碳酸钙产量(g): ②沉降体积为: ③轻质碳酸钙的吸油值为:

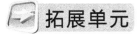

对照轻质碳酸钙制备装置,画出工艺流程草图。

拓展单元 进行气液相鼓泡式反应器装置系统的仿真操作

任务目标

- 能识读乙醛氧化生产乙酸的氧化工段装置系统的工艺流程图
- 能进行乙醛氧化生产乙酸的氧化工段装置系统(仿真)的冷态开车

● 能进行乙醛氧化生产乙酸的氧化工段装置系统（仿真）的正常停车

任务指导

以乙醛氧化生产乙酸的氧化工段仿真操作为例，进行气液相鼓泡式反应器装置系统的仿真操作。

一、认识乙醛氧化生产乙酸的氧化工段装置系统的工艺流程

乙醛氧化生产乙酸的氧化工段装置系统的工艺流程如图 5-18 所示。该装置包括 2 个氧化塔（T101——第一氧化塔，T102——第二氧化塔，这 2 个塔是串连而成的，用于进行乙醛的氧化反应）；3 个冷却器（2 个循环水冷却器——用于将两个氧化塔顶排出的尾气冷却，1 个氧化液冷却器——用于将氧化反应放出的热量移去）；1 个尾气洗涤塔——用于回收残余的乙醛和乙酸；4 台泵（P101——氧化液循环泵、P102——酸液泵、P103——洗涤液泵、P104——碱液泵；分别输送相应的物料）；3 个贮罐（V102——氧化液中间贮罐、V103——洗涤液贮罐、V105——碱液贮罐，分别贮存相应的物料）。

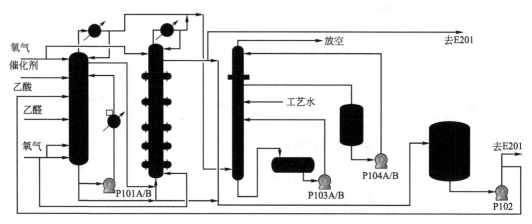

图 5-18 气液相鼓泡反应装置（仿真）系统的工艺流程图

（1）反应任务　采用以乙酸锰为催化剂，乙醛在加压下与氧气或空气进行液相氧化反应生成乙酸。

（2）反应原料　两种。乙醛：常温下为无色有刺激性气味的液体，密度比水小，易挥发，易燃烧，能与水、乙醇、乙醚、氯仿等互溶，沸点为 20.8℃，因含有醛基，易被氧化成乙酸，因其沸点低，故乙醛的氧化要加压进行。氧气：通常条件下是呈无色、无臭和无味的气体，不溶于水，密度 1.429g/L，1.419g/cm³（液），1.426g/cm³（固），熔点 −218.4℃，沸点−182.962℃，在−182.962℃时液化成淡蓝色液体，在−218.4℃时凝固成雪状呈淡蓝色，具有氧化性。

（3）反应原理　乙醛首先氧化成过氧乙酸，而过氧乙酸很不稳定，在乙酸锰的催化下发生分解，同时使另一分子的乙醛氧化，生成二分子乙酸。氧化反应是放热反应。

$$CH_3CHO+O_2 \longrightarrow CH_3COOOH$$
（甲醛）　（氧气）　　（过氧乙酸）

$$CH_3COOOH+CH_3CHO \longrightarrow 2CH_3COOH$$
（过氧乙酸）　　（甲醛）　　　（乙酸）

在氧化塔内，还有一系列的氧化反应。

乙醛氧化制乙酸的反应机理一般认为可以用自由基的链式反应机理来进行解释，常温下乙醛就可以自动地以很慢的速度吸收空气中的氧而被氧化生成过氧乙酸。

过氧乙酸以很慢的速度分解生成自由基。

自由基引发一系列的反应生成乙酸。但过氧乙酸是一个极不安定的化合物，积累到一定程度就会分解而引起爆炸。因此，该反应必须在催化剂存在下才能顺利进行。催化剂的作用是将乙醛氧化时生成的过氧乙酸及时分解成乙酸，而防止过氧乙酸的积累、分解和爆炸。

（4）工艺流程　乙醛和氧气按配比流量进入第一氧化塔（T101），氧气分两个入口入塔，上口和下口通氧量比约为 1：2；氮气通入塔顶气相部分，以稀释气相中的氧和乙醛。

乙醛与催化剂全部进入第一氧化塔，第二氧化塔不再补充。氧化反应的反应热由氧化液冷却器（E102）移去，氧化液从塔下部用循环泵（P101）抽出，经过冷却器（E102）循环回塔中，循环比（循环量：出料量）约 110～120。冷却器出口氧化液温度为 60℃，塔中最高温度为 75～78℃，塔顶气相压力为 -0.2MPa（表压），出第一氧化塔的氧化液中，乙酸浓度在 92%～94%，从塔上部溢流去第二氧化塔（T102）。

第二氧化塔为内冷式，塔底部补充氧气，塔顶也加入保安氮气，塔顶压力为 0.1MPa（表压），塔中最高温度约 85℃，出第二氧化塔的氧化液中乙酸含量为 97%～98%。

第一氧化塔和第二氧化塔的液位显示设在塔上部，显示塔上部的部分液位。

出氧化塔的氧化液一般直接去蒸馏系统，也可以放到氧化液中间贮罐（V102）中暂存。中间贮罐的作用是：正常操作情况下做氧化液缓冲罐，停车或事故时存氧化液，乙酸成品不合格需要重新蒸馏时，由成品泵（P402）送来中间贮存，然后用泵（P102）送蒸馏系统回炼。

两台氧化塔的尾气分别经冷却循环水的冷却器（E101）中冷却，凝液主要是乙酸，带少量乙醛，回到塔顶，尾气最后经过尾气洗涤塔（T103）吸收残余乙醛和乙酸后放空，洗涤塔采用下部为新鲜工艺水，上部为碱液，分别用泵（P103、P104）循环。洗涤液温度为常温，洗涤液含乙酸达到一定浓度后（70%～80%），送往精馏系统回收乙酸，碱洗段定期排放至中和池。

（5）联锁与保护　在投氧过程中，如液位 LIC101 超过 80% 或尾气中氧含量 AIAS101 超

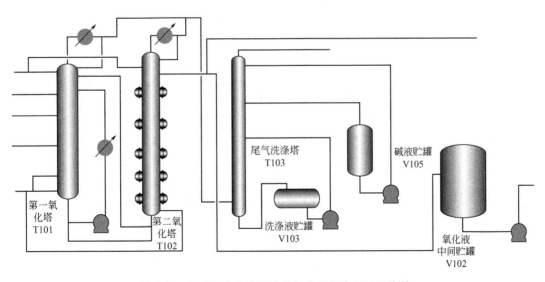

图 5-19　乙醛氧化生产乙酸的氧化工段流程画面总图

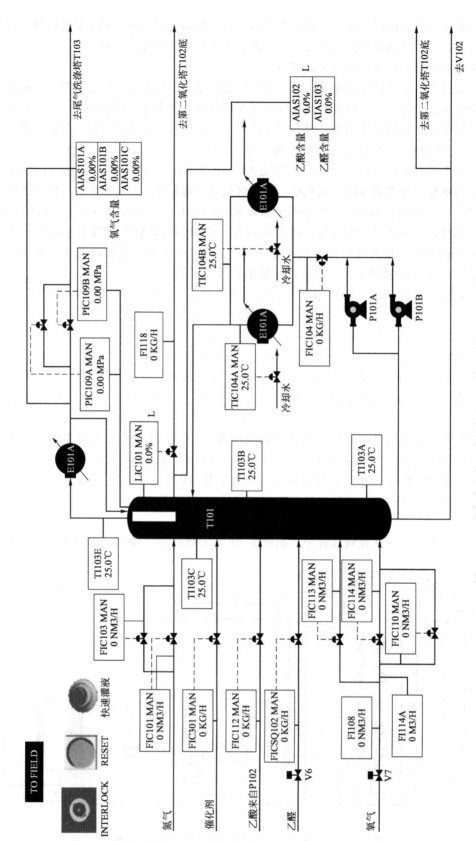

图 5-20　乙醛氧化生产乙酸的氧化工段第一氧化塔 DCS 图

过 8%，都会联锁停车。

二、进行乙醛氧化生产乙酸的氧化工段（仿真）的冷态开车

乙醛氧化生产乙酸的氧化工段装置系统（仿真）的冷态开车操作范围包括开车前准备（酸洗反应系统）、建立循环、配制氧化液、第一氧化塔投氧开车、第二氧化塔投氧开车、吸收塔投用、氧化系统出料、调至平衡等过程。

乙醛氧化生产乙酸的氧化工段装置系统（仿真）的冷态开车中提供：【氧化工段流程画面总图】（如图 5-19 所示），【氧化工段第一氧化塔 DCS 图】（如图 5-20 所示），【氧化工段第一氧化塔现场图】（如图 5-21 所示），【氧化工段第二氧化塔 DCS 图】（如图 5-22 所示），【氧化工段第二氧化塔现场图】（如图 5-23 所示），【氧化工段尾气洗涤塔和中间贮罐 DCS 图】（如图 5-24 所示），【氧化工段尾气洗涤塔和中间贮罐现场图】（如图 5-25 所示）等七个画面。

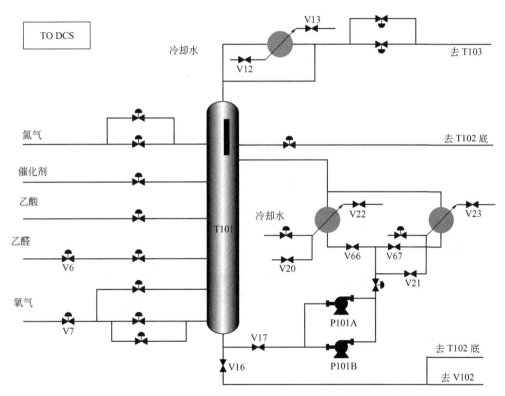

图 5-21　乙醛氧化生产乙酸的氧化工段第一氧化塔现场图

开车前检查装置开工状态——装置内的电气、仪表、计算机、联锁、报警系统已全部调试完毕，机电、仪表、计算机、化验分析具备开工条件，值班人员在岗；引公用工程并备有足够的开工用原料和催化剂；对检修过的设备和新增的管线，已经吹扫、气密、试压、置换合格（若是氧气系统，还要脱脂处理），系统水运试车完成，N_2 吹扫、气密、置换合格。

（1）开车前准备（酸洗反应系统）

①【乙醛氧化生产乙酸的氧化工段尾气洗涤塔和中间贮罐现场图】开启尾气吸收塔 T103 的放空阀 V45，开度约为 50%。（为节省时间，可使用"快速灌液"）【乙醛氧化生产乙酸的氧化工段第一氧化塔现场图】

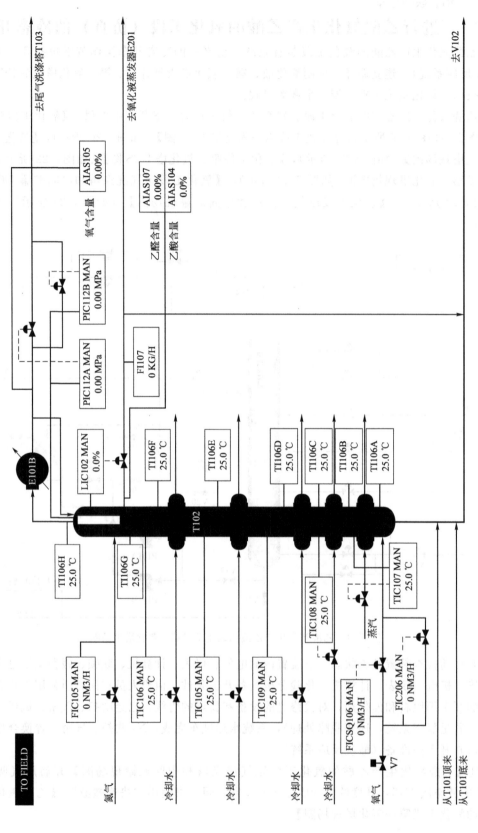

图 5-22　乙醛氧化生产乙酸的氧化工段第二氧化塔 DCS 图

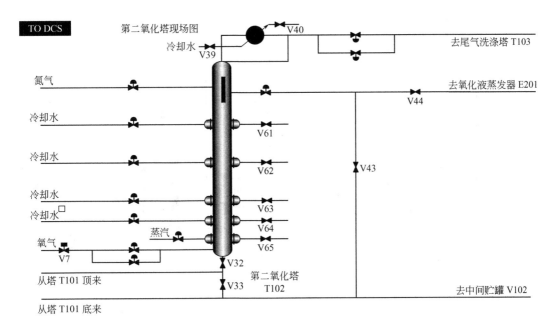

图 5-23　乙醛氧化生产乙酸的氧化工段第二氧化塔现场图

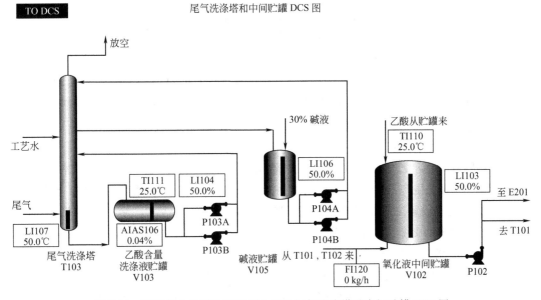

图 5-24　乙醛氧化生产乙酸的氧化工段尾气洗涤塔和中间贮罐 DCS 图

②【乙醛氧化生产乙酸的氧化工段尾气洗涤塔和中间贮罐现场图】开启氧化液中间贮罐 V102 的现场阀 V57，开度为 50％，向其中注酸，当 V102 的液位 LI103 超过 50％后，关闭阀 V57，停止向 V102 注酸。

③ 当 V102 罐中液位足够时，【乙醛氧化生产乙酸的氧化工段第一氧化塔现场图】启动泵（P102）并【乙醛氧化生产乙酸的氧化工段第一氧化塔 DCS 图】打开控制阀 FIC112，向第一氧化塔（T101）进乙酸，T101 塔见液位（LIC101 约为 2％）后，按操作规程停 P102 泵，停止进酸。

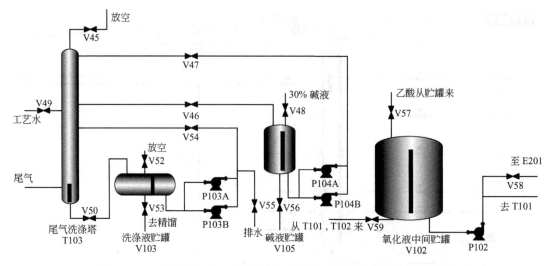

图 5-25　乙醛氧化生产乙酸的氧化工段尾气洗涤塔和中间贮罐现场图

"快速灌液"说明：向 T101 塔灌乙酸时，如选择"快速灌液"按钮，在 LIC101 有液位显示之前，灌液速度加速 10 倍，有液位显示之后，速度变为正常；对 T102 灌酸时也类似。使用"快速灌液"只是为了节省操作时间，但并不符合工艺操作原则，由于是局部加速，有可能会造成液体总量不守衡，为保证正常操作，将"快速灌液"按钮设为一次有效性，即只能对该按钮进行一次操作，操作后，按钮消失；如果一直不对该按钮操作，则在循环建立后，该按钮也消失。该加速过程只对"酸洗"和"建立循环"有效。

④【乙醛氧化生产乙酸的氧化工段第一氧化塔现场图】开泵前阀 V17 后，启动氧化液循环泵（P101），【乙醛氧化生产乙酸的氧化工段第一氧化塔 DCS 图】再打开控制阀 FIC104 和【乙醛氧化生产乙酸的氧化工段第一氧化塔现场图】回路阀 V66，循环清洗 T101 塔。

⑤ 酸洗完毕后，按操作规程停 P101 泵，停止酸洗。

⑥【乙醛氧化生产乙酸的氧化工段第一氧化塔 DCS 图】分别打开 T101 塔保护氮气阀 FIC101、【乙醛氧化生产乙酸的氧化工段第一氧化塔现场图】T101 塔底阀 V16、【乙醛氧化生产乙酸的氧化工段第二氧化塔现场图】T102 塔底阀 V33 和 V32，用 N2 将 T101 塔中的乙酸经塔底压送到 T102 第二氧化塔。

⑦ 当 T102 塔见液位（LIC102 有显示）后，关闭控制阀 FIC101。

⑧【乙醛氧化生产乙酸的氧化工段第二氧化塔 DCS 图】分别打开 T102 塔保护氮气控制阀 FIC105 和【乙醛氧生产乙酸的氧化工段尾气洗涤塔和中间贮罐现场图】V102 回酸阀 V59，将 T101 和 T102 塔中的乙酸全部退料到 V102 贮罐中。

⑨ 退酸结束（FI120 显示为 0）后，关控制阀 FIC105 和来料各阀。

⑩ 分别打开 T101 和 T102 塔顶的压力调节阀【乙醛氧化生产乙酸的氧化工段第一氧化塔 DCS 图】PIC109、【乙醛氧化生产乙酸的氧化工段第二氧化塔 DCS 图】PIC112，放空后再关闭。

（2）建立系统乙酸运行大循环

① 重新用 P102 泵由 V102 罐向 T101 塔进酸，T101 塔液位达 30％后，【乙醛氧化生产乙酸的氧化工段第一氧化塔 DCS 图】开启液位调节阀 LIC101 和 T102 塔底阀 V32，向 T102

塔进料，并控制 T101 塔的液位在 30％左右。

②【乙醛氧化生产乙酸的氧化工段第二氧化塔 DCS 图】T102 塔液位达 30％后，开启液位调节阀 LIC102 和【乙醛氧化生产乙酸的氧化工段第二氧化塔现场图】阀 V44 向精制工段正常出料，全系统酸运大循环建立完毕。

（3）氧化液的配制

① 全系统酸运大循环建立完毕后，调节 T101 塔液位 LIC101 约为 30％后，按操作规程停 P102 泵，停止向 T101 塔进酸。同时，关液位控制阀 LIC101。

②【乙醛氧化生产乙酸的氧化工段第一氧化塔 DCS 图】开乙醛进料调节阀 FICSQ102 和催化剂进料调节阀 FIC301，并通过 FICSQ102 和 FIC301，分别控制氧化液中乙醛含量 AIAS103≈7.5％，氧气流量 FIC301 约为 FICSQ102 的 1/6。

③【乙醛氧化生产乙酸的氧化工段第一氧化塔现场图】开 T101 塔顶部冷却器冷却水进出口阀 V12 和 V13。

④ 按操作规程启动 P101 循环泵，并调节 FIC104，使循环流量保持在 700000kg/h（通氧前）。

⑤【乙醛氧化生产乙酸的氧化工段第一氧化塔现场图】开换热器 E102 入口阀 V20 和出口阀 V22，向 E102 通蒸汽，为氧化液循环液加热，并保持氧化液温度 TI103 在 70～76℃，直到使浓度符合要求（乙醛含量 AIAS103 约为 7.5％）。

⑥ 当乙醛 AIAS103 约为 7.5％时，关 FICSQ102 和 FIC301，停止加乙醛和催化剂。

⑦ 关 T102 塔的液位调节器 LIC102 和阀 V44。

（4）第一氧化塔投氧开车

①【乙醛氧化生产乙酸的氧化工段第一氧化塔 DCS 图】开车前将联锁 INTERLOCK 投自动。

②【乙醛氧化生产乙酸的氧化工段第一氧化塔 DCS 图】开户并控制 FIC101，使保护 N_2 流量为 120m³/h。

③ 开户并将 T101 塔顶的压力调节器 PIC109 投自动，设定值为 0.19MPa。

④ 当 T101 塔中液相 TIC103A＞70℃后，可按如下方式投氧：

a.【乙醛氧化生产乙酸的氧化工段第一氧化塔 DCS 图】先用小投氧阀 FIC110 进行投氧，初始投氧量小于 100m³/h。此时要注意以下参数的变化：液位 LIC101，尾气含氧量 AIAS101A、AIAS101B、AIAS101C，塔底液相 TI103A、尾气温度 TI103E 和塔顶压力 PIC109 等。如果液位上涨停止后下降，且尾气含氧稳定，说明初始引发较理想，可逐渐提高投氧量。

b. 当小调节阀 FIC110 投氧量达到 320m³/h 时，【乙醛氧化生产乙酸的氧化工段第一氧化塔 DCS 图】启动 FIC114 调节阀，在 FIC114 增大投氧量的同时减小 FIC110 小调节阀投氧量，直到关闭。

c. FIC114 投氧量达到 1000m³/h 后，【乙醛氧化生产乙酸的氧化工段第一氧化塔 DCS 图】可开启 FIC113 上部通氧，FIC113 与 FIC114 的投氧比为 1∶2。（原则：投氧在 0～400m³/h 之内，投氧要慢。）如果吸收状态好，要多次小量增加投氧量。400～1000m³/h 之内，如果反应状态好逐渐加大投氧幅度，要特别注意尾气的变化，及时加大 N_2 量。

d. T101 塔液位过高时要及时向 T102 塔出一下料。当投氧到 400m³/h 时，将循环量逐渐加大到850000kg/h；当投氧到1000m³/h时，将循环量加大到1000000kg/h。循环量要根据投氧量和反应状态的好坏逐渐加大。同时根据投氧量和酸的浓度适当调节醛和催化剂的投料量。

⑤ 投氧时相应的调节方式：

a. 先将T101塔氧化液循环量FIC104调节为500000～700000kg/h。

b. 当液位升高至60%以上时，需用调节阀LIC101向T102塔出料以降低液位。

c. 当尾气含氧量AIAS101上升时，【乙醛氧化生产乙酸的氧化工段第一氧化塔DCS图】用FIC101加大氮气量，若继续上升达到5%（体积分数）时，打开氮气旁路调节阀FIC103，并停止投氧。若液位下降一定量后处于稳定，尾气含氧量下降为正常值后，氮气调回120m³/h。当含氧仍小于5%并有回降趋势，液相温度TI103A上升快，气相温度TI103E上升慢，且有稳定趋势时，小量增加通氧量，同时观察各项指标。若正常，继续适当增加通氧量，直至正常。

d. 待液相温度上升至84℃时，关E102加热蒸汽阀V20，【乙醛氧化生产乙酸的氧化工段第一氧化塔DCS图】开冷却水调节阀TIC104。当投氧量达到1000m³/h以上，且反应状态稳定或液相温度达到90℃时，全开TIC104。在调节TIC104时，注意开水速度应缓慢，要根据塔内气液相温度的变化趋势勤调，当温度稳定后再加大投氧量。在投氧量增加的同时，也要对氧化液循环量FIC104做适当调节。

e. 在逐渐增加投氧量的同时，应不断调整FICSQ102和FIC301，分别使乙醛流量FICSQ102为投氧量的2.5～3倍，催化剂流量FIC301是乙醛流量FICSQ102的1/6左右。

f. 在投氧过程中，如液位LIC101超过80%或尾气中氧含量AIAS101超过8%，都会联锁停车。此时，应继续调大氮气流量，关闭氧气调节阀至氧化液成分恢复后，再次投氧开车。

（5）第二氧化塔投氧

① 待T102塔见液位后，【乙醛氧化生产乙酸的氧化工段第二氧化塔现场图】开T102塔顶冷凝器冷却水进、出口阀V39和V40。

②【乙醛氧化生产乙酸的氧化工段第二氧化塔DCS图】开启并控制FIC105，使N₂流量为90m³/h。

③【乙醛氧化生产乙酸的氧化工段第二氧化塔DCS图】开启并将T102塔顶的压力调节器PIC112投自动，设定值为0.1MPa。

④【乙醛氧化生产乙酸的氧化工段第二氧化塔DCS图】开蒸汽流量调节阀TIC107和【乙醛氧化生产乙酸的氧化工段第二氧化塔现场图】冷却水出口阀V65，向塔底冷却器内通蒸汽，保持氧化液温度TIC106B在80℃左右。

⑤【乙醛氧化生产乙酸的氧化工段第二氧化塔DCS图】开氧气调节阀FICSQ106，并以最小通氧量投氧。

⑥ 在尾气含氧量AIAS105≤5%的前提下，逐渐加大通氧量到正常值。

⑦ 随着投氧量的加大，氧化液温度升高，表示反应在进行，【乙醛氧化生产乙酸的氧化工段第二氧化塔DCS图】应关蒸汽调节阀TIC107，开冷却水调节阀TIC105、TIC106、TIC108、TIC109和【乙醛氧化生产乙酸的氧化工段第二氧化塔现场图】相应的冷却水出口阀V62、V61、V64、V63，控制氧化液温度TI106F、TI106E、TI106D、TI106C在80℃

左右。

⑧ 使操作逐步稳定，控制氧化液位 LIC102 在 35％±5％，在氧化液位合格时，【乙醛氧化生产乙酸的氧化工段第二氧化塔现场图】开阀门 V43，向 V102 出料。

（6）尾气洗涤塔投用

① 在酸洗系统进乙酸时，【乙醛氧化生产乙酸的氧化工段尾气洗涤塔和中间贮罐现场图】可打开尾气洗涤塔（T103）的进水调节阀 V49，向 T103 塔中加工艺水湿塔，并维持液位 LIC107 为 50％。

②【乙醛氧化生产乙酸的氧化工段尾气洗涤塔和中间贮罐现场图】开 T103 塔底阀 V50，向工艺水贮罐（V105）中备工艺水，并维持其液位 LIC104 为 50％。

③【乙醛氧化生产乙酸的氧化工段尾气洗涤塔和中间贮罐现场图】同时开碱液进料阀 V48，向碱液贮罐（V103）中备料（碱液），当其液位达到 50％时，关 V48。

④【乙醛氧化生产乙酸的氧化工段尾气洗涤塔和中间贮罐现场图】氧化塔投氧前，按正常操作规程启动泵（P103），向 T103 塔中投用工艺水。

⑤ 氧化塔投氧后，【乙醛氧生产乙酸的氧化工段尾气洗涤塔和中间贮罐现场图】按正常操作规程启动泵（P104），向 T103 塔中投用吸收碱液。

⑥ 如工艺水中乙酸含量 AIAS106 达到 80％时，【乙醛氧生产乙酸的氧化工段尾气洗涤塔和中间贮罐现场图】开阀 V55 向精制工段排放工艺水。

（7）氧化塔出料　当氧化液符合要求（氧化液乙酸含量 AIAS104＞97％，乙醛含量 AIAS107＜0.3％）时，开阀 V44 向精制工段出料，并用 LIC102 控制出料量。

三、进行乙醛氧化生产乙酸的氧化工段（仿真）的正常停车

乙醛氧化生产乙酸的氧化工段（仿真）的正常停车是在反应过程阶段完成之后进行的，操作范围包括摘除联锁、中止氧化反应、退料和停运。

（1）摘除联锁

【乙醛氧化生产乙酸的氧化工段第一氧化塔 DCS 图】将 INTERLOCK 打向 BP，摘除联锁。

（2）中止氧化反应

①【乙醛氧化生产乙酸的氧化工段第一氧化塔 DCS 图】将 FICSQ102 切至手动，并关闭 FICSQ102，停止乙醛进料。

②【乙醛氧化生产乙酸的氧化工段第一氧化塔 DCS 图】关闭 FIC301，停止催化剂进料。

③【乙醛氧化生产乙酸的氧化工段第一氧化塔 DCS 图】调节 FIC114，逐步将进氧量下调至 1000m³/h。并根据反应状况，及时调节两氧化塔的气液相温度。

④ 当 T101 第一氧化塔中乙醛含量 AIAS103 降至 0.1％以下时，【乙醛氧化生产乙酸的氧化工段第一氧化塔 DCS 图】立即关闭 FIC114、【乙醛氧化生产乙酸的氧化工段第二氧化塔 DCS 图】FICSQ106，停止向 T101、T102 塔进氧。

（3）退料

①【乙醛氧化生产乙酸的氧化工段第一氧化塔现场图】分别开启 T101、T102 塔底阀 V16、【乙醛氧化生产乙酸的氧化工段第二氧化塔现场图】V33 和【乙醛氧化生产乙酸的氧化工段尾气洗涤塔和中间贮罐现场图】V102 回料阀 V59，逐步将氧化液全部退料到 V102 中间贮罐，送精制工段处理。

② 在 T101 塔退料完毕之前，【乙醛氧化生产乙酸的氧化工段第一氧化塔现场图】按正常操作程序，停 P101 泵。

（4）停运

①【乙醛氧化生产乙酸的氧化工段第一氧化塔现场图】关闭 E102 换热器冷却水。

② 退料结束后（FI120 流量为 0），【乙醛氧化生产乙酸的氧化工段第一氧化塔 DCS 图】关闭本装置中调温用的蒸汽和【乙醛氧化生产乙酸的氧化工段第二氧化塔现场图】冷却水。

③【乙醛氧化生产乙酸的氧化工段第一氧化塔 DCS 图】关闭 T101 和【乙醛氧化生产乙酸的氧化工段第二氧化塔 DCS 图】T102 塔的保护氮气。

④【乙醛氧化生产乙酸的氧化工段尾气洗涤塔和中间贮罐现场图】关闭 T103 塔的工艺水进料阀 V49。

⑤【乙醛氧化生产乙酸的氧化工段尾气洗涤塔和中间贮罐现场图】按正常操作程序停 T103 塔的 P104 碱液循环泵。

⑥【乙醛氧化生产乙酸的氧化工段尾气洗涤塔和中间贮罐现场图】按正常操作程序停 T103 塔的 P103 工艺水循环泵。

任务评价

采用培训方式安排学生进行仿真训练。训练结果通过仿真软件的智能评分系统得到反映，并将智能评分系统的结果填入工艺卡片。评分记录系统能集中评价训练结果。

工艺卡片

反应设备 工艺卡片	训练班级	训练场地	学时	指导教师
			4	
训练任务	进行乙醛氧化生产乙酸的氧化工段（仿真）操作			
训练内容	识读乙醛氧化生产乙酸的氧化工段的工艺流程图，进行乙醛氧化生产乙酸的氧化工段（仿真）冷态开车和正常停车操作			
设备与工具	化工单元仿真软件			

序号	工序	操作步骤	要点提示	数据记录或工艺参数
1	认识气液相鼓泡式反应器装置系统的工艺流程	①对照工艺流程图，识读气液相鼓泡式反应器装置系统的工艺流程图。 ②辨析装置中设备、阀门、仪表、调节系统	①寻找管路。 ②寻找设备、阀门、仪表、调节系统	
2	冷态开车	①开车前准备（酸洗反应系统） ②建立系统醋酸运行大循环 ③氧化液的配制 ④第一氧化塔投氧 ⑤第二氧化塔投氧 ⑥尾气洗涤塔投用 ⑦氧化塔出料	在仿真软件上进行	仿真成绩：
3	正常停车	①摘除联锁 ②中止氧化反应 ③退料 ④停运	在仿真软件上进行	仿真成绩：

① 氧化反应是放热反应，温度的控制应该是如何解决反应热的移除，可为什么在两个氧化塔装置中都设有加热蒸汽？

② 试分析一下影响两氧化塔出料的乙醛含量的因素。

任务三　认识气液相膜式（管式）反应器

单　元　膜式反应器的结构与特点

任务目标

- 掌握单膜多管反应器的结构
- 掌握双膜缝隙式膜式反应器的结构
- 了解膜式反应器的分配装置
- 了解膜式反应器的优缺点

任务指导

一、单膜多管反应器的结构

单膜多管反应器的结构类似管壳式换热器，反应管垂直安装，液体要管内呈膜状流动，与气体并流或逆流接触反应，有降膜式和升膜式两种。

1. 降膜式单膜多管反应器结构

这类反应器中最完善的结构是列管式设备，见图 5-26，它主要是由液体分布器、管子及气体分布接管组成。液体由上管板经液体分布器形成液膜，沿管内壁向下流动，气体逆流或并流与液体接触、反应。

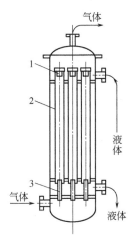

图 5-26　降膜式反应器
1—液体分布器；2—管子；
3—气体分布接管

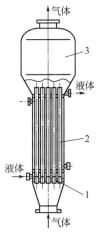

图 5-27　升膜式反应器
1—管板；2—管子；
3—飞沫分离器

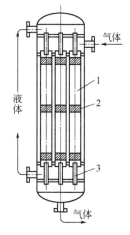

图 5-28　旋转气液流膜式反应器
1—管子；2—旋涡器；
3—分离机构

2. 升膜式单膜多管反应器的结构

与降膜式大体相似，区别在于液体由下而上被气流带动，以膜的形式向上流动，操作弹性较大，传质强度高于降膜式反应器，但雾沫夹带较严重，需在颈部设置飞沫分离器。其结构见图 5-27。

3. 旋转气液流膜式单膜多管反应器的结构

需要在每根管内安装旋涡器，气流在旋涡器内将上部加入的液体甩向管壁，使其沿管壁呈膜式旋转运动，见图 5-28。

二、双膜缝隙式膜式反应器的结构

双膜缝隙式反应器由两个同心的不锈钢圆筒构成，并有内、外冷却夹套。两圆筒环隙的所有表面均为流动着的反应物所覆盖。反应段高度一般在 5m 以上，整个反应器分为三部分：顶部为分配部分，用以分配物料形成液膜；中间为反应部分，物料在环行空间完成反应；底部为尾气分离部分，反应产物与尾气在此分离。双膜缝隙式反应器结构示意图见图 5-29。

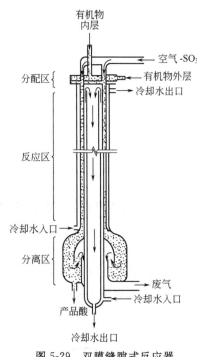

图 5-29 双膜缝隙式反应器
的结构示意图

三、膜式反应器的分配装置

由于在膜式反应器内，气液相反应在膜的表面上进行，因此膜的厚度及膜的均匀性决定反应速率，因而在膜式反应器内将物料分配成均匀液膜的分配装置，无论在单膜或双膜反应器中均十分重要。膜式反应器的液体分配装置主要有以下三种：

（1）环行缝隙进料分配器　环形缝隙进料分配器的缝隙极小，约为 0.12～0.38mm。加工精度及光洁度对物料能否得到均匀分配影响很大，因此对加工的要求很高。

（2）转盘式分配器　主要是依靠高速转子来分配有机物料的，这在加工安装和调试时也很困难。

（3）TO 反应器（也称等温反应器）的分配系统

目前认为由日本研制的 TO 反应器（也称等温反应器）的分配系统最先进，它是一种环状的多孔材料或是覆盖有多孔网的简单装置，其孔径为 5～90μm。它不但加工、制造、安装简单，而且穿过这些微孔漏挤出来的有机物料能更加均匀地分布于反应面上，形成均匀的液膜。此外，TO 反应器还采用了二次保护风新技术，减缓了反应速率，使整个反应段内的温度分布都比较均匀，接近于等温过程，显著地改善了产品的色泽和减少了副反应，从而提高了产品的质量。

四、膜式反应器的优缺点

优点：①气、液处理量大；②反应热易导出，反应温度易控制；③降膜反应器具有压降小和无轴向返混的优点。

缺点：安装垂直度要求较高，膜的均匀分布是关键，不适用于含有固体或能析出固体物质的过程及黏性很大的液体的场合。

（1）填空题

① 单膜多管反应器有_____和升膜两种形式。

② 降膜式单膜多管反应器是由液体分布装置、管子和_____组成。

③ 升膜与降膜式反应器的区别在于液体由下而上被气流带动，以膜的形式_____流动。

④ 旋转气液流膜式单膜多管反应器结构是需要在每根管内安装_____，气流在旋涡器内将上部加入的液体甩向管壁，使其沿管壁呈膜式旋转运动。

⑤ 双膜隙缝式反应器，它由两个_____的不锈钢圆筒构成，并有内、外冷却夹套。

⑥ 双膜隙缝式反应器的反应段高度一般在_____m以上。

⑦ 膜式反应器的分配装置有环行缝隙进料分配器、_____和 TO 反应器（也称等温反应器）的分配系统。

⑧ 膜式反应器的优点包括气、液处理量大；反应热易导出，反应温度_____；降膜反应器具有压降小和无轴向返混。

⑨ 膜式反应器的缺点是安装垂直度要求较高，_____分布是关键。

⑩ 膜式反应器不适用于含有固体或能析出固体物质的过程及黏性很大的_____的场合。

（2）判断题

双膜隙缝式反应器的圆筒环隙的所有表面均为流动着的反应物所覆盖。（　　）

课外训练

利用互联网搜索引擎，搜索 TO 反应器的相关资料。

项目小结

1. 用以进行气液相反应的反应器称为气液相反应器。气液相反应器的类型主要有填料塔反应器、板式塔反应器、降膜反应器、鼓泡塔反应器、搅拌釜式反应器等。气体鼓泡通过含有反应物或催化剂的液层以实现气液相反应过程的反应器，称为鼓泡式反应器。其主要形式有鼓泡塔反应器、鼓泡管反应器和鼓泡搅拌釜反应器三种。简单的鼓泡塔反应器主要由塔体、气体分布器和气液分离器组成，其优点是结构简单，容易清理，操作稳定，投资和维修费用低；缺点是返混很严重，压降较大。这类反应器适用于液体相也参与反应的中速、慢速反应和放热量大的反应。液体在管内壁呈膜状流动的反应器叫膜式反应器，膜式反应器分为单膜多管式和双膜隙缝式两种，其中单膜多管反应器双有升膜和降膜两种，其结构主要由液体分布器、管子和气体分布接管组成。双膜隙缝式反应器则是由液体分配部分，反应部分和尾气分离部分三部分组成。膜式反应器的优点是：气、液处理量大，反应热易导出，反应温度易控制；缺点是安装垂直度要求较高。适用于瞬间、界面和快速反应，特别适用于较大热效应的气液反应过程；不适用于慢反应，也不适用于处理含固体物质或能析出固体物质及黏性很大的液体。

2. 在进行气液相反应器实训装置操作的训练中，以轻质碳酸钙制备装置为例安排学习任务。轻质碳酸钙制备装置主要包括1台消化机、2台过滤机、1个碳化塔、

1台空压机、1个二氧化碳钢瓶、2个贮槽（粗浆槽、精浆槽）；另有筛子和烘箱，图中没有标出。实训是以生石灰和水为原料按规范进行开车和停车操作，生产出合格的轻质碳酸钙产品。

3. 在进行气液相鼓泡式反应器装置系统的仿真操作训练中，以乙醛氧化生产乙酸的氧化工段为例进行仿真操作。乙醛氧化生产乙酸的氧化工段装置系统包括2个氧化塔（T101——第一氧化塔，T102——第二氧化塔，这2个塔是串连而成的，用于进行乙醛的氧化反应）；3个冷却器（2个循环水冷却器——用于将两个氧化塔顶排出的尾气冷却，1个氧化液冷却器——用于将氧化反应放出的热量移去）；1个尾气洗涤塔——用于回收残余的乙醛和乙酸；4台泵（P101——氧化液循环泵、P102——酸液泵、P103——洗涤液泵、P104——碱液泵；分别输送相应的物料）；3个贮罐（V102——氧化液中间贮罐、V103——洗涤液贮罐、V105——碱液贮罐，分别贮存相应的物料）。装置操作任务是采用以醋酸锰为催化剂，让乙醛在加压下与氧气或空气进行液相氧化反应生成乙酸。操作涉及冷态开车和正常停车。

项目六

熟悉(气相)管式裂解炉

项目任务

知识目标

掌握石油烃裂解管式裂解炉的结构、传热方式，炉管的性能及布置方式，了解管式裂解炉的优缺点。

能力目标

能辨析（气相）管式裂解炉。

任务　熟识石油烃裂解管式裂解炉

 单　元　管式裂解炉的结构与特点

任务目标

- 掌握管式裂解炉的结构
- 掌握管式裂解炉的传热方式
- 掌握管式裂解炉中炉管的性能及布置方式
- 了解管式裂解炉的优缺点

任务指导

一、管式裂解炉结构

裂解炉是石油烃裂解的主要设备。

1. 管式裂解炉炉型

目前应用较广的管式裂解炉有短停留时间炉（简称 SRT 炉）、超选择性炉（简称 USC 炉）、林德-西拉斯炉（简称 LSCC 炉）、超短停留时间炉（简称 USRT 炉，或称毫秒裂解炉）。

美国鲁姆斯公司短停留时间裂解炉（简称 SRT 炉）是立管式裂解炉的典型装置。现在世界上大型乙烯装置多采用立式裂解反应管。中国的燕山石油化工公司、扬子石油化工公司和齐鲁石油化工公司的 300kt 乙烯生产装置均采用此种裂解炉。

超选择性炉（简称 USC 炉）、超短停留时间炉（USC 炉）也常被石化企业采用。例如，中国大庆石油化工总厂以及世界上一些石油化工厂采用 USC 炉来生产乙烯等产品，中国兰州石油化学公司将采用 USRT 炉生产乙烯。而 LSCC 裂解炉在工业上也得到一定的应用，单台炉的乙烯年产量可达 70kt。

管式裂解炉按外形分，有方箱炉、立式炉、门式炉、梯台式炉等，以立式炉为主流。按燃烧方式分，有直焰式、无焰辐射式和附墙火焰式。按烧嘴位置分，有底部燃烧、侧壁燃烧、顶部燃烧和底部侧壁联合燃烧等。

2. 管式裂解炉的结构

管式裂解炉主要由炉体和裂解管两大部分组成。炉体用钢构体和耐火材料砌筑，分为对流室和辐射室。原料预热管及蒸汽加热管安装在对流室内，裂解管布置在辐射室内。在辐射室的炉侧壁和炉顶或炉底安装了一定数量的烧嘴（燃料喷嘴、火嘴等）。

SRT 炉是最典型的一种管式裂解炉，其结构如图 6-1 所示。对流室内设有水平放置的数组换热管以预热原料，工艺稀释用蒸汽，预热急冷锅炉进水以及产生过热高压蒸汽等，在布置对流段管排时，应按烟气余热能位高低合理安排换热管。辐射室由耐火砖（里层）、隔

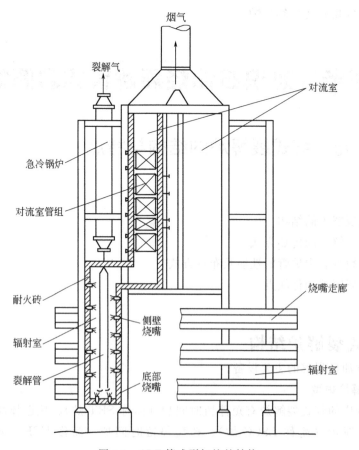

图 6-1　SRT 管式裂解炉的结构

热砖（外层）砌成。新型炉有的也使用可塑耐火水泥作为耐火材料。管式裂解炉的核心部分是辐射室，预热后的原料气在辐射室的炉管中完成裂解反应。裂解炉的炉管悬吊在辐射室中央，炉管的尺寸及布管方式随炉型而变。炉膛的侧壁和底部安装有燃烧器，燃料燃烧主要以辐射传热方式加热炉管和管中的原料气。原料气在炉管中获高温而裂解，裂解产生的裂解气离开辐射室后立即进入急冷锅炉，被高压水骤冷以终止反应。高压水受热生产 $10\sim12\text{MPa}$ 的高压蒸汽，并回收热能。急冷锅炉随裂解炉的炉型不同而有所不同。

管式裂解炉既是一个管式反应器，又是一个高传热强度的传热设备。

二、管式裂解炉的传热方式

辐射室中燃料燃烧产生的火焰，主要以辐射方式将热量传给炉管的外表面，同时传给炉墙。炉管外表面接受了火焰的辐射热量，以导热的方式将热量从炉管外表面传到内表面，炉管内表面以对流的方式将热量传递给管内原料气，管内原料气受热呈现高温而发生裂解反应。

裂解炉中大部分的热量传递是在辐射室内进行的。热源向炉管表面的给热途径主要是辐射传热方式。

原料气在进入辐射室之前，先在对流室进行预热。在对流室，高温烟道气以对流传热方式将热量传给管内的原料气。

三、管式裂解炉中炉管的性能及布置方式

1. 管式裂解炉中炉管的性能

（1）对炉管的要求　能承受 900℃ 左右的高温、各种介质的腐蚀以及一定的压力和荷载，具有好的导热性能、高传热强度、内外表面光滑和材料成分均匀等特点。

（2）管子规格　$\phi3\sim7\text{in}$（$1\text{in}=2.54\text{cm}$）。

（3）管子材质　国外材质型号有 HK-40 等，国内材质型号 ZG40Cr25Ni35Nb、ZG40Cr35Ni45Nb 等。管子用离心浇铸法制成，内部经机械加工平整，以减少反应过程的结焦。

2. 管式裂解炉中的布管方式

管式裂解炉中，工艺物料（原料气或裂解气）涉及的管路分为对流段和辐射段，对流段为工艺物料管路在对流室的部分，辐射段为工艺物料管路在辐射室的部分。原料气先经对流段由烟道气预热，再到辐射段由火焰辐射传热产生高温而裂解，裂解气离开辐射段后立即进入急冷锅炉。

对流段，工艺物料涉及管路的管子采用水平放置。辐射段，工艺物料涉及管路的管子有水平放置和垂直放置两种。早年使用的裂解炉为方箱炉，辐射段的炉管采用水平放置，但由于传热强度低、炉管受热弯曲、耐热吊装件安装不易等原因已被淘汰，而 SRT 炉，辐射段的炉管采用垂直放置，且双面受辐射传热。

SRT 炉在布管方式方面也不断改进，前后发展Ⅰ型、Ⅱ型、Ⅲ型等三种炉型，如图 6-2 所示。Ⅰ型炉中有 8 根立管，从原料气进口到裂解气出口，在辐射段有 8 程，造成在辐射段的停留时间长；Ⅱ型炉中也有 8 根立管，但从原料气进口到裂解气出口，在辐射段有 4 程（第 1 程 4 根炉管细，第 2 程 2 根炉管较细，第 3、4 程 2 根炉管较粗），因而在辐射段的停留时间短；Ⅲ型炉中也有 10 根立管，但从原料气进口到裂解气出口在辐射段有 6 程，因而

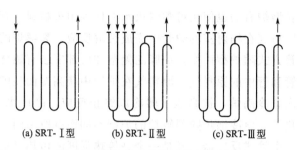

| (a) SRT-Ⅰ型 | (b) SRT-Ⅱ型 | (c) SRT-Ⅲ型 |

图 6-2　SRT 炉三种炉型的布管方式

在辐射段的停留时间介于Ⅰ型炉的停留时间与Ⅱ型炉的停留时间之间。

立管式裂解炉的辐射盘管大多采用单排管,以此保证辐射盘管受热均匀。也有采用双排盘管的,可在较低投资下获得较大的单炉乙烯生产能力。综合单排盘管和双排盘管的优缺点,也有采用混排辐射盘管的。

四、管式裂解炉的优缺点

(1) 优点　炉型结构简单;操作容易;便于控制;能连续生产;乙烯、丙烯收率高;裂解气质量好;动力消耗小;热效率高;原料的使用范围日渐扩大;便于实现大型化。

(2) 缺点　重质原料的适应性还有一定限制;原料利用不高;燃料油增加;公用工程费大;耐高温合金钢耗量大;反应过程的结焦等。

SRT 炉的主要工艺特性,如表 6-1 所示。

表 6-1　SRT 炉的主要工艺特性

项目	SRT-Ⅰ	SRT-Ⅱ(HS)	SRT-Ⅱ(HC)	SRT-Ⅲ
开发应用日期	1965	1971	1972	1975
炉管传热强度/[MJ/(m²·h)]	250	290~375	290~375	290~375
适应原料	主要为乙烷	石脑油~轻柴油	石脑油~轻柴油	石脑油~轻柴油
炉管直径/in	4~5	2~5(变径)	2~6(变径)	3~7(变径)
每程长度/m	≈10	≈10	≈10	≈14
炉管组数	4	4	4	6
炉管材质	HK-40	HK-40	HK-40	HK-40
单台炉乙烯年生产能力/kt	20~40	20~25	30~45	45~50
最大管壁温度/℃	1040	1040	1040	1040
平均停留时间/s	0.6~0.7	0.30~0.35	0.45~0.60	0.27~0.45
热效率/%	<87.5	87.5	87.5	92~93

任务评价

(1) 填空题

① 管式裂解炉既是一个_____反应器,又是一个高传热强度的传热设备。

② 管式裂解炉主要由_____和裂解管两大部分组成。

③ 管式裂解炉按燃烧方式分,有_____、无焰辐射式和附墙火焰式。

④ 管式裂解炉的核心部分是_____。

⑤ 管式裂解炉中，辐射室的传热方式主要是_____传热。

⑥ 裂解炉中大部分的热量传递是在_____内进行的。

⑦ 管式裂解炉中炉管的放置方式有水平放置和_____放置两种。

（2）判断题

① 在布置对流段管排时，应按烟气余热能位高低合理安排换热管。（　　）

② 管式裂解炉中，热源向炉管表面给热的途径主要是辐射传热方式。（　　）

（3）思考题

① 管式裂解炉有哪些优点和缺点？

② STR 炉的主要工艺特性有哪些？

课外训练

在常用的搜索引擎中，搜索"管式裂解炉"的图片，选出你认为最好的短停留时间炉（简称 SRT 炉）、超选择性炉（简称 USC 炉）、林德-西拉斯炉（简称 LSCC 炉）、超短停留时间炉（简称 USRT 炉，或称毫秒裂解炉）的图片进行下载。

 项目小结

1. 裂解炉是石油烃裂解的主要设备。美国鲁姆斯公司短停留时间裂解炉（简称 SRT 炉）是立管式裂解炉的典型装置。

2. 管式裂解炉按外形分，有方箱炉、立式炉、门式炉、梯台式炉等。按燃烧方式分，有直焰式、无焰辐射式和附墙火焰式。按烧嘴位置分，有底部燃烧、侧壁燃烧、顶部燃烧和底部侧壁联合燃烧等。

3. 管式裂解炉主要由炉体和裂解管两大部分组成。炉体用钢构体和耐火材料砌筑，分为对流室和辐射室。

4. 管式裂解炉既是一个管式反应器，又是一个高传热强度的传热设备。裂解炉中大部分的热量传递是在辐射室内进行的。热源向炉管表面给热的途径主要是辐射传热方式。

5. 管式裂解炉管能承受 900℃ 左右的高温、各种介质的腐蚀以及一定的压力和荷载，具有好的导热性能、高传热强度、内外表面光滑和材料成分均匀等特点。

6. 管式裂解炉中炉管的放置方式有水平放置和垂直放置两种，目前主要采用垂直放置。SRT 炉在布管方式方面也不断改进，前后发展Ⅰ型、Ⅱ型、Ⅲ型等三种炉型。

7. 管式裂解炉的优点：炉型结构简单；操作容易；便于控制；能连续生产；乙烯、丙烯收率高；裂解气质量好；动力消耗小；热效率高；原料的使用范围日渐扩大；便于实现大型化。缺点：重质原料的适应性还有一定限制；原料利用不高；燃料油增加；公用工程费大；耐高温合金钢耗量大；反应过程的结焦等。

参 考 文 献

[1]　杨雷库．化学反应器．北京：化学工业出版社，2011.
[2]　刘宝鸿．化学反应器．北京：化学工业出版社，2001.
[3]　周国保等．精细化学品生产工艺．北京：化学工业出版社，2011.
[4]　王小宝．化肥生产工艺学．北京：化学工业出版社，2011.
[5]　杨秀琴．基本有机工艺．北京：化学工业出版社，2011.
[6]　陈荣．沉淀法白炭黑合成工艺研究．无机盐工业，2004，7.